Kleinwindkraft für Gewerbe & Privat

Patrick Jüttemann
November 2020

FSC
www.fsc.org
MIX
Papier aus ver-
antwortungsvollen
Quellen
Paper from
responsible sources
FSC® C105338

Patrick Jüttemann

Kleinwindkraft für Gewerbe & Privat

Planung · Technik · Markt

Bibliografische Information der Deutschen Nationalbibliothek: Die Deutsche Nationalbibliothek verzeichnet diese Publikation in der Deutschen Nationalbibliografie; detaillierte bibliografische Daten sind im Internet über dnb.dnb.de abrufbar.

© 2020 Patrick Jüttemann
Herstellung und Verlag: BoD – Books on Demand, Norderstedt

ISBN: 9783754322857

2. Auflage des Fachbuchs zu Kleinwindkraftanlagen.
Erschienen 02. November 2020 (vorerst nur als E-Book).
Die erste Auflage aus dem Jahr 2015 ist erschienen unter dem Titel „Kleinwindkraftanlagen: Ratgeber für Privat & Gewerbe".

Autor: Patrick Jüttemann
Mitwirkende: Immanuel Dorn

Patrick Jüttemann
Kreuzweidenstr. 26 a
53604 Bad Honnef
E-Mail: mail@klein-windkraftanlagen.com
Internet: www.klein-windkraftanlagen.com

INHALTSVERZEICHNIS

1 EINLEITUNG

Seit langem hat Tim S. den Traum, mit Frau und Kindern aufs Land zu ziehen. Das Stadtleben ist stressig. Ein Haus mit großem Garten bietet nicht nur Ruhe, sondern auch die Möglichkeit der Selbstversorgung. Tim erfährt vom Verkauf eines Resthofs in Norddeutschland. Der Kaufvertrag ist schnell unterschrieben. Die Vorfreude ist riesig.

Selbstversorgung umfasst auch Strom und Wärme. Geheizt wird mit Holz, das auf dem Land günstig beschafft werden kann. Auch wenn das Haus ans öffentliche Netz angeschlossen ist, will Tim eigenen Ökostrom erzeugen. Nach der Dachsanierung werden eine Photovoltaikanlage und ein Stromspeicher installiert.

Doch im Herbst und Winter sind die Stromerträge der Solaranlage zu niedrig. Tim will deshalb den Wind auf seinem Land nutzen. Aufgrund der freien Lage hat sein Grundstück ein hohes Windpotenzial.

Seine neue Kleinwindkraftanlage mit 5 Kilowatt Leistung auf einem 18 m Mast erzeugt pro Jahr rund 5.000 Kilowattstunden Strom. Überschüssiger Strom wird in die Batterie oder den Heizstab des Warmwasserspeichers geleitet. Das Elektroauto wird durch Solar- und Windstrom getankt.

Tim ist jetzt in der Summe energieautark. Ohne Windenergie keine Autarkie. Tim redet nicht nur über Klimaschutz, sondern er handelt. Sein Liebling ist die Kleinwindanlage, durch sie wird die Naturkraft des Windes sichtbar. Das Beispiel von Tim und seiner Familie zeigt: Energieautarkie kann sogar für private Hausbesitzer möglich sein.

Als neutraler Experte für Kleinwindkraftanlagen habe ich einen Rundumblick auf Nachfrage und Angebot des Marktes. Aufgrund der hohen Reichweite meines Fachportals und YouTube-Kanals bekomme ich täglich E-Mails von Gewerbebetrieben und Privatleuten mit dem Wunsch nach Selbstversorgung mit Energie. Dadurch kenne ich zum einen die häufigen Fragen und typischen Fehler von Interessenten und Anlagenbetreibern. Zum anderen führe ich seit fast 10 Jahren detaillierte

Analysen zum Kleinwindkraft-Markt durch. Viele Missverständnisse zu Kleinwindanlagen haben ihren Ursprung in den Marketingphrasen fragwürdiger Anbieter.

Diese Publikation richtet sich an alle Menschen, die den Kauf einer Kleinwindkraftanlage in Erwägung ziehen. Das können Mitarbeiter in Unternehmen und Gewerbebetrieben als auch private Hausbesitzer sein. Das Buch umfasst nicht den Selbstbau von Kleinwindanlagen.

Dieses Fachbuch vermittelt zum einen wichtige Grundlagen wie zur lokalen Nutzung der Windenergie und der Kleinwindkraft-Technik. Dazu zählt auch die Beurteilung der Wirtschaftlichkeit. Zum anderen geht das Buch auf die Praxis ein. Dazu gehören unter anderem die Genehmigung als auch die Systemplanung sowie Auslegung einer Kleinwindanlage. Das Kapitel 9 zur Kaufberatung ist Pflichtlektüre vor der Anschaffung eines Kleinwindrads.

2   PRAXISBEISPIELE

2.1   Mikrowindanlage auf dem Segelschiff

Mikrowindanlagen sind auf Segelschiffen weit verbreitet, um gemeinsam mit Solarzellen und Batterien eine autarke Stromversorgung zu garantieren. Dies gilt auch für Anwendungsfälle an Land abseits des öffentlichen Stromnetzes: Funkmasten, abgelegene Häuser, Wetterstationen etc. An bewölkten Tagen und nachts fällt die Sonne als Energielieferant aus, eine Kleinwindanlage kann zu diesen Zeiten Strom produzieren.

Ein großer Vorteil auf einem Segelschiff: während Solarmodule viel Platz beanspruchen und somit in der Leistung limitiert sind, benötigen Mikrowindanlagen lediglich eine Befestigung für den Mast. Der Rotor dagegen befindet sich auf einem zwei bis drei Meter hohen Mast über den Köpfen und nimmt so keinen Platz weg.

Mikrowindanlagen wurden früher vorwiegend durch Langstrecken-segler eingesetzt, die mehrere Tage keinen Hafen angesteuert haben. Mittlerweile sieht man die kleinen Windgeneratoren auch auf vielen Fahrtenyachten. Zum einen hat sich die Technik weiterentwickelt, es gibt diverse gute Anbieter auf dem Markt. Zum anderen erfüllen sich immer mehr Menschen den Wunsch nach einer autarken und gleichzeitig sauberen Energie-versorgung durch Sonne und Wind. Für Strom muss man nicht Schiffsdiesel verbrennen.

Abbildung 1: Mikrowindanlage auf Segelschiff

Die Leistung von Mikrowindanlagen auf Segelschiffen bewegt sich zwischen 50 und 500 Watt. Die Rotoren haben einen Durchmesser zwischen 0,5 und rund 1,5 m. Eine Mikrowindanlage mit 350 Watt Leistung und einem 1,2 m großem Rotor kann bei einer mittleren Windgeschwindigkeit von 5 m/s rund 300 Kilowattstunden (kWh) und bei 6 m/s rund 500 kWh Strom pro Jahr erzeugen. Diese Windgeschwindigkeiten erreicht man auf offenem Meer, aber nicht im windgeschützten im Hafen. In der Praxis tragen die Windgeneratoren entsprechend eher in Fahrt auf offener See zur Stromversorgung bei. Genau dann, wenn an Bord am meisten Strom benötigt wird.

Vor allem das harsche Wetter auf See verlangt Windgeneratoren mit hoher Qualität. Die Windanlagen müssen sturmsicher sein und der Rotor sollte sich mit einem Stoppschalter jederzeit anhalten lassen. Wer auf der Suche nach einer hochwertigen Mikrowindanlagen ist, sollte in Shops mit Segel- und Bootszubehör nachschauen. Das Windrad-Schnäppchen auf Ebay ist in der Regel keine gute Idee.

Gemeinsam mit dem Windgenerator wird ein Laderegler ausgeliefert, der die Speicherung des Stroms in der Batterie als auch deren Schutz übernimmt. Zum einen gibt es reine Windladeregler, die auf ein einzelnes Windradmodell ausgelegt sind. Zum anderen gibt es Hybridladeregler, die den Strom einer Mikrowindanlage und von einem oder zwei Photovoltaik-Modulen aufnehmen und an die Batterie weitergeben.

Vor allem auf windstarker See kann ein kleiner Rotor sehr viel Energie erzeugen, die punktuell nicht genutzt werden kann. Überschüssige Energie kann in Lastwiderstände geleitet werden, die den Strom in Wärme umwandeln.

Bei Mikrowindanlagen hat sich die Technik in den letzten 10 Jahren stark weiterentwickelt. Es werden sogar Modelle mit Rotorblattverstellung angeboten. Ein sehr ausgefeiltes und effizientes Konzept der Anlagenregulierung, welches sonst nur bei größeren Windanlagen eingesetzt wird. Durch Luft- und Fliehkräfte wird der Winkel der Rotorblätter verstellt, so dass bei starkem Wind die Rotorfläche reduziert wird. Der Rotor dreht weiter und produziert Energie, bleibt aber unterhalb der Nennleistung. Die Rotorregulierung funktioniert in Sekundenbruchteilen, so dass auch starke Böen gemeistert werden. Die Rotorblattverstellung funktioniert rein mechanisch, unabhängig von elektrischen Ausfällen. Alles in allem hohe Ingenieurskunst.

Auf einem engen Schiff ist der Lärmpegel ein wichtiges Thema. Auch hier hat sich in den letzten Jahren viel getan mit der Entwicklung sogenannter Flüsterflügel oder Flüsterblätter. Die Rotorblätter wurden aerodynamisch auf einen geringen Schall getrimmt. Dazu gehören kleine Strukturen auf der Oberfläche der Flügel, die den Rotor leiser machen.

2.2 Kleinwindanlage für autarkes Eigenheim

Auch im Landesinneren gibt es gute private Standorte für Kleinwindanlagen, es muss nicht eine Küstenregion mit viel Wind sein. Vorteilhafte Lagen gibt es z.B. im Mittelgebirge, wie ein Beispiel aus Mittelfranken zeigt.

Realisiert wurde die kleine Windanlage von einem Bürger mit dem Willen, eine möglichst autarke Energieversorgung durch Sonne und Wind zur realisieren. Die Kleinwindkraftanlage kommt für die Erzeugung von Strom und Wärme sowie für die Aufladung eines Elektroautos zum Einsatz.

Der vormals landwirtschaftlich genutzte Hof befindet sich in einer kleinen Siedlung im Landkreis Ansbach. Der Hof umfasst mehrere Gebäude, darunter Wohnhaus, Büro und Stallanlagen.

Das Grundstück befindet sich in einer Höhenlage, umgeben von leicht ansteigendem Gelände in fast 500 Metern über dem Meeresspiegel. Nördlich der Hofanlage befindet sich in 60 m Entfernung die kleine Windkraftanlage.

Zur Hauptwindrichtung Südwesten liegen zwar weitere Häuser des Dorfes. Aufgrund der erhöhten Lage des Grundstücks weht der Wind über deren Dächer frei auf den Rotor. Nach Aussage des Besitzers herrscht oft ein rauer und kalter Wind, was sich im Heizenergiebedarf der Gebäude bemerkbar macht.

Die Hofgebäude werden vorwiegen privat und zu einem kleinen Teil geschäftlich genutzt. Der Besitzer ist selbstständig tätig und nutzt einen Raum als Büro. Der monatliche Stromverbrauch von rund 1.000 kWh resultiert auch aus dem Bedarf der privat genutzten Pferdeställe.

Zum Einsatz kommt eine Kleinwindkraftanlage eines deutschen Herstellers mit einer Leistung von 4,5 kW und einem Rotordurchmesser von 5,3 m. Die Masthöhe beträgt 24 m. Installiert im Dezember 2014 ist der Betreiber Stand Oktober 2020 sehr zufrieden.

In den knapp sechs Jahren Betriebszeit ist die Windanlage zuverlässig gelaufen und hat pro Jahr im Schnitt 5.000 kWh Strom erzeugt. Auf Basis der Jahresstromerträge und des Rotordurchmessers kann man von einer mittleren Jahreswindgeschwindigkeit von rund 4,5 m/s ausgehen. Die Kleinwindanlage erweist sich nicht nur als unverzichtbare Stromquelle für den Herbst und Winter. Auch im Sommer hat die Windanlage nach Aussage des Betreibers ordentlich Strom erzeugt. Alles in allem ist die Kombination Photovoltaik und Kleinwindkraft in Kombination mit einem Batteriespeicher der Schlüssel für eine hohe Selbstversorgung.

Eine Einspeisung und Vergütung des Windstroms findet nicht statt, bei 8,5 Cent pro kWh wäre das nicht wirtschaftlich gewesen. Überschüssiger Solarstrom wird dagegen eingespeist, da bei der Installation der Photovoltaik noch ein Tarif von 22 Cent pro kWh galt.

Der erfolgreiche Betrieb der Windanlage hängt auch mit dem guten Service des Herstellers zusammen. Auf Basis der regelmäßig ausgelesenen Daten der Windanlage wurde die Kennlinie im Controller optimiert. Dies hat die Ertragskraft der Windanlage gesteigert.

Neben der Kleinwindkraft-anlage kommen für die Energieversorgung eine Photovoltaikanlage mit rund 7 kW Leistung, eine Solar-thermieanlage und eine Sonnenbatterie zum Einsatz. Für die Wärme sorgt eine Ölheizung und Kaminholz, die Wärmespeicherung erfolgt durch zwei Pufferspeicher mit je 1.000 Liter. Ein Elektroauto trägt dazu bei, den Eigenverbrauch des selbst produzierten Grünstroms zu maximieren.

Die Autarkiequote für Strom und Wärme beträgt jetzt schon 80 %. Diese wird aber bald erhöht, weil der Pufferspeicher als auch die Solarthermieanlage vergrößert werden.

Abbildung 2: Private Windanlage in Mittelfranken

Die Kleinwindanlage wurde von Anfang an auch für den Heizbetrieb integriert. Überschüssiger Strom kann in eine Heizpatrone im Pufferspeicher geleitet werden. Der Windturbinen-Hersteller bietet dafür komplette Heiz-Sets bestehend aus Komponenten und Regelelektronik an.

Die Erteilung der Baugenehmigung hat neun Monate gedauert. Diese Zeitspanne ist kein Einzelfall, da in vielen Bauämtern und Fachbehörden keine Erfahrungen mit Miniwindanlagen für die Selbstversorgung vorliegen. Nach Konsultationen im Landratsamt, darunter mit der Naturschutzbehörde, wurde grünes Licht gegeben. Tatkräftig unterstützt wurde das Projekt vom Bürgermeister des Orts, der in dem Bürgerprojekt eine Chance für den lokalen Klimaschutz gesehen hat.

Die Mini-Windanlage kommt bei den Bewohnern gut an. Sie wird nicht als störend empfunden, sondern weckt positives Interesse. Die Nachbarn schauen fasziniert zu, wenn bei starkem Wind der Rotor als Sturmsicherung nach hinten knickt (Helikoptermodus).

2.3 Landwirt mit hohem Stromverbrauch

Milchbauer Gerriet S. aus dem Landkreis Friesland lebt in einer Region, in der die Nutzung der Windenergie eine jahrhundertelange Tradition hat. Sein Wunsch war es seit langem, Windkraft für seinen Hof zu nutzen.

Ausschlag gegeben hat die Erweiterung seiner Stallanlagen und die Aufstockung auf rund 150 Kühe im Jahr 2012. Teil der Investition waren zwei Melkroboter, die viel Strom verbrauchen. Eine neue Lüftungsanlage für die Ställe ist auch vorgesehen, so dass der jährliche Stromverbrauch bei 70.000 kWh liegt. Der Landwirt geht davon aus, dass der Strompreis in Zukunft steigen wird, bei den 22 Cent pro kWh wird es nicht bleiben.

Seit 2010 hat er eine Photovoltaikanlage mit 25 kW Leistung, die aufgrund des hohen Einspeisetarifs zur Volleinspeisung ins öffentliche Netz vorgesehen ist. Spätestens wenn die Solaranlage im Jahr 2030 keine Vergütung mehr bekommt, plant er die Anschaffung eines Stromspeichers. Dann hat er mit Photovoltaik, Kleinwindkraftanlage und Speicher ein optimales System zur Selbstversorgung.

Die Lage seines Hofs in der windstarken Küstenregion ist perfekt. Aufgrund der Einzellage des Hofs hat er zur Hauptwindrichtung freie Sicht und somit eine ungehinderte Anströmung des starken Windes. Die nächste Siedlung ist rund 600 m entfernt.

Da er offensichtlich eine windstarke Lage hat, verzichtet er auf eine mehrmonatige Windmessung zur Prüfung des Windpotenzials. Über den Kleinwindanlagen-Hersteller seiner Wahl lässt er trotzdem ein Gutachten erstellen. Die Standortanalyse wird durch ein professionelles Ingenieurbüro für Windenergie durchgeführt. Für die Analyse wird unter anderem auf die Ertragsdaten von Windanlagen in der Nähe zurückgegriffen, um ein möglichst akkurates Ergebnis zur erhalten. Das

Resultat: der Landwirt kann von rund 6 m/s mittlerer Jahreswind-geschwindigkeit ausgehen, ein hervorragender Wert. Exakte Angaben zum Windpotenzial helfen bei der Auswahl der Windanlage als auch der passenden Masthöhe.

Eine Darstellung empfehlenswerter Kleinwindkraftanlagen findet Gerriet S. im Kleinwind-Marktreport. Er entscheidet sich für eine Kleinwindanlage deutscher Produktion mit einer Leistung von 30 Kilowatt (kW) und einer offiziellen Zertifizierung auf Basis der Norm IEC 61400-2. Die Windanlage wurde von einem unabhängigen Prüfinstitut auf Herz und Nieren getestet und die Leistung verifiziert. Die Masthöhe beträgt 42 m. Damit liegt die Gesamthöhe der Windanlage knapp unter 50 m, was der maximal zulässigen Höhe einer Kleinwindanlage entspricht. Auf Basis der Analyse des Windpotenzials und der Leistungskurve der Windanlage wurde inklusive Sicherheitsabschlag ein jährlicher Stromertrag von rund 75.000 kWh ermittelt.

Abbildung 3: Windanlage mit 30 kW und 42 m Mast

Foto: Max Schäfer, BestWatt B.V.

Als Landwirt hat Gerriet S. gute Voraussetzung für eine Genehmigung. Windkraftanlagen sind auf dem Land privilegierte Bauvorhaben. Trotzdem wurden vom Bauamt und den beteiligten Behörden hohe Anforderungen an die Bauunterlagen gestellt. Den gesamten Genehmigungsprozess hat der Hersteller der Windanlage als Serviceleistung begleitet. Nach über einem Jahr wurde der Bauantrag genehmigt. Die Gemeinde hatte dem Vorhaben auch zugestimmt.

Mit Photovoltaik und Kleinwindkraft hat er eine Leistung weit über 30 kW. Bis zu dieser Schwelle ist der Netzbetreiber gesetzlich verpflichtet, die Anlagen ohne Auflagen wie Netzertüchtigungen ans Netz anschließen. Doch der Netzbetreiber ist kooperativ und übernimmt die Kosten für eine neue Trafostation.

Die Kleinwindanlage wurde im Dezember 2019 installiert und liefert Stand Oktober 2020 die erwartet hohen Stromerträge. Rund 70 % des Windstroms werden selbst verbraucht, der Rest ins öffentliche Netz eingespeist und vergütet. Der Eigenverbrauch soll durch die Erzeugung von Warmwasser per Heizstab im Wasserspeicher in Zukunft erhöht werden.

Der Landwirt ist rundum zufrieden mit seiner Windanlage, auch weil sie sich für ihn lohnt. Seinen Strompreis von 22,5 Cent pro kWh kann er mit seinem eigenen Windstrom klar unterbieten.

Wie reagieren Anwohner und Bekannte auf die neue Kleinwind-kraftanlage? O-Ton des Landwirts: "Das Einzige was mir aufgefallen ist, dass die Windanlage niemandem aufgefallen ist." Man kann die Anlage von den umliegenden Siedlungen kaum sehen und nicht hören. Obwohl mit 50 m die maximal zulässige Höhe für eine Kleinwindanlage erreicht wird, ist die Anlage erheblich niedriger als eine moderne Megawatt-Windanlage mit einer Gesamthöhe über 200 m. Die Rotorblätter sind erheblich kleiner und schmaler, im Himmel über dem Horizont in wenigen hundert Meter kaum noch erkennbar.

3 GRUNDLAGEN

3.1 Wichtiges auf einen Blick!

Meine Erfahrung hat gezeigt: manche Menschen verbringen viel Zeit mit der Recherche zu anfangs unwichtigen Themen der Kleinwindkraft. Ein typischer Fall: es wird tagelang nach einem passenden und empfehlenswerten Kleinwindrad gesucht, ohne vorher die Eignung des eigenen Grundstücks zu prüfen. Wer keinen windstarken Aufstellungsort für die Windanlage hat, wird kaum Strom produzieren und langfristig enttäuscht sein.

3.1.1 Erfolgsfaktoren

Bei der Planung einer Kleinwindkraftanlage sind einige Faktoren entscheidend für den Erfolg und müssen zuerst geklärt werden.

Windstarke Lage

Nichts ist so wichtig für den Erfolg einer Kleinwindanlage wie die Windstärke in Rotorhöhe. Von der mittleren Jahreswindgeschwindigkeit hängt die jährliche Stromproduktion und die Wirtschaftlichkeit der Windanlage ab.

Die Windstärke in Rotorhöhe ist vor allem abhängig vom Standort und der näheren Umgebung der Windkraftanlage. Deshalb muss der erste Schritt die kritische Prüfung des Aufstellungsort der Windanlage sein. Entscheidend ist die freie Anströmung aus Hauptwindrichtung. Wenn in 50 Meter zur Hauptwindrichtung ein Wald mit über 20 Meter hohen Bäumen liegt, dann wird man wohl das Kleinwindkraft-Projekt abhaken müssen. Was einen guten Standort ausmacht, wird in Kapitel 4.3 erläutert.

Hoher Eigenverbrauch des Windstroms

Nur der Eigenverbrauch des Stroms der Windanlage ist wirtschaftlich, die Einspeisung ist öffentliche Netz dagegen nicht. Für die Einspeisung wird ein Tarif unter 8 Cent pro Kilowattstunde gezahlt. Verbraucht man den Strom selbst, spart man Kosten in Höhe des eigenen Strompreises.

Je höher der Strombedarf und je höher die Eigenverbrauchsquote, desto besser die Rahmenbedingungen für einen wirtschaftlichen Betrieb. Man muss sich die Frage stellen: Kann ich den Windstrom überhaupt nutzen? Der Eigenverbrauch betrifft nicht nur die direkte Stromnutzung im Gebäude, sondern auch die Bereitstellung von Wärme durch einen Heizstab oder die Speicherung in einer Batterie.

Baugenehmigung und Nachbarn

Man sollte so früh wie möglich Kontakt mit dem Bauamt aufnehmen, um die notwendigen Bauunterlagen in Erfahrung zu bringen. Sollte der Bauamtsmitarbeiter eine kritische und ablehnende Haltung an den Tag legen, kann man frühzeitig reagieren und den Einwänden mit Fakten und hilfreichen Unterlagen begegnen. Den Antrag für die Baugenehmigung oder die Bauvoranfrage sollte man ebenfalls so früh wie möglich einreichen. Die Antwort des Bauamts kann dauern.

Auch die Nachbarn sollten früh in die Pläne eingeweiht und mit dem Thema Kleinwindkraft vertraut gemacht werden. Eventuellen Ängsten und falschen Annahmen sollte man durch Wissensvermittlung rechtzeitig begegnen. Mehr zur Genehmigung wird in Kapitel 7 erläutert.

Hochwertige Anlagentechnik

Wenn der anvisierte Aufstellungsort der Windanlage ein hohes Windpotenzial hat und auch für die Genehmigung gute Aussichten bestehen, kann man sich mit der Auswahl der Anlagentechnik beschäftigen.

Windenergie kann enorme Kräfte ausüben. Die hohe mechanische Belastung verlangt eine hochwertige Technik. Das vermeintliche Schnäppchen aus Fernost kann sich nach wenigen Monaten als

Totalausfall entpuppen. Längst nicht jede in Deutschland angebotene Kleinwindanlage hat ihre Marktreife unter Beweis gestellt. Fragwürdige Anbieter preisen mangelhafte Technik gerne mit irreführenden Vertriebsphrasen an. Was man beim Kauf einer Kleinwindanlage beachten muss erläutert Kapitel 9.

3.1.2 Typische Fehler

Windverhältnisse überschätzen

Wenn man pauschal von starkem Wind auf seinem Grundstück ausgeht, ist oft der Wunsch Vater des Gedankens: „Auf meinem Grundstück bläst immer der Wind!". Die persönliche Einschätzung der Windverhältnisse vor Ort kann stark an der Realität vorbeigehen. Bei dem gefühlt starken Wind kann es sich um Turbulenzen handeln. Windturbulenzen können von der Kleinwindanlage kaum in Strom umgewandelt werden.

Später und unvorbereiteter Kontakt mit Bauamt

Der Prozess der Baugenehmigung ist in der Regel zeitintensiv, deshalb muss man das Bauamt so früh wie möglich kontaktieren. Man muss sich darauf vorbereiten. Zum einen muss man die grundlegende Rechtslage kennen, um Einwänden begegnen zu können. Ferner sollte man dem Bauamt hilfreiches Informationsmaterial bereitstellen.

Ungeduld und vorschnelles Aufgeben

Die Planung und Installation einer Photovoltaikanlage ist schnell und einfach durchgezogen. Unter anderem, weil man keine Baugenehmigung benötigt.

Die Umsetzung von Kleinwindkraftanlagen ist in der Regel langwieriger. Man muss geduldig sein und oft ein dickes Fell haben. Wenn man einen geeigneten Standort hat und sich das Kleinwindrad dreht, hat sich der Aufwand gelohnt. Viele lässt die Faszination für Kleinwindkraft dann nicht mehr los.

Abbildung 4: Die Realisierung von Solaranlagen ist einfach

Zu niedriger Mast

Je höher der Mast, desto stärker der Wind in Rotorhöhe. An vielen Standorten ist ein sehr kleiner Mast unter 10 Meter Gesamthöhe nicht ausreichend, der Wind am Rotor zu schwach.

In einigen Bundesländern benötigt man für Kleinwindanlagen bis 10 m Höhe keine Baugenehmigung. Deshalb ist es nachvollziehbar, wenn ein Hausbesitzer unter dieser Höhe bleiben will. Doch wenn in 10 m Höhe nicht genug Wind ist, bleibt nur ein höherer Mast in Verbindung mit einer Baugenehmigung.

Montage auf dem Dach

Wenn Solaranlagen ohne Probleme auf Dächer installiert werden können, warum dann nicht auch Kleinwindkraftanlagen? Aufgrund schwieriger Windbedingungen und Körperschallübertragungen.

In Bezug auf die Windbedingungen spielen Höhe und Form des Daches eine wichtige Rolle. Das Flachdach einer hohen Industriehalle kann geeignet sein. Das Dach eines Einfamilienhauses im windschwachen Wohngebiet oft nicht. Erfahrungsgemäß werden auf Dächern häufig zu kurze Masten unter 3 m Länge verwendet. Eine Kleinwindkraftanlage sollte man wenn möglich auf einen ebenerdigen Mast in der Nähe des Gebäudes installieren.

Auswahl der Windanlage nach Nennleistung

Oft höre ich Aussagen wie: „Ich suche eine Kleinwindanlage mit fünf Kilowatt Leistung, welche Anlage empfehlen Sie?".

Eine Windkraftanlage sollte man weniger auf Basis der Nennleistung auswählen, sondern die Größe des Rotors in den Vordergrund stellen. Der Durchmesser des Rotors bestimmt primär die Stromerträge der Anlage. Windgeneratoren mit gleicher Nennleistung können sehr unterschiedliche Jahresstromerträge erwirtschaften, wenn sich die Rotorgröße unterscheidet. Mehr zur Auslegung einer Kleinwindanlage in Kapitel 8.4.

Schönes Design als Auswahlgrund

Einige auf dem Markt angebotene Kleinwindkraftanlagen, vor allem mit vertikaler Rotorachse, bestechen durch ihr schönes und futuristisches Design. Doch man darf nicht vergessen, dass man ein Kraftwerk kauft. Die Jahresstromproduktion des Windgenerators muss in einer vernünftigen Relation zum Preis der Anlage stehen. Die herkömmlichen Windkraftanlagen mit horizontaler Rotorachse sind in dieser Hinsicht nach wie vor das technische und wirtschaftliche Nonplusultra.

Kauf mangelhafter Technik

Nur eine technisch hochwertige Kleinwindanlage wird den nächsten Sturm überleben. Man sollte nie nur auf die Angaben des Anbieters hören, sondern immer unabhängige Informationsquellen zu Rate ziehen. Auch die Begutachtung von Referenzanlagen ist hilfreich.

Analog macht es keinen Sinn, pauschal zum nächsten Anbieter vor Ort zu gehen. Wer Pech hat, gerät an einen Anbieter mit fragwürdiger Technik. Siehe auch Kapitel 9 zur Kaufberatung.

3.2 Kleinwind- versus Großwindkraft

Eine Kleinwindanlage unterscheidet sich in allen Belangen von Megawatt-Windanlagen in Windparks. Der Größte Vorteil von Kleinwindrädern: sie sind optisch unauffällig, haben keinen Einfluss aufs Landschaftsbild.

Eine weltweit gültige und eindeutige Definition zur Abgrenzung zwischen Groß- und Kleinwindkraft gibt es nicht. International wird oft die Nennleistung von 100 Kilowatt als Trennlinie genommen.

Zwischen Klein- und Großwindkraft gibt es das Segment der Mittelwindanlagen (Engl.: medium wind power). In Deutschland liegt die Grenze zwischen Mittel- und Großwindkraft bei 750 Kilowatt. Größere Anlagen müssen an Ausschreibungen teilnehmen.

Abbildung 5: Private Kleinwindturbine auf 10 m Mast im Westerwald

Die rechtlichen Rahmenbedingungen zwischen kleinen und großen Windkraftanlagen unterscheiden sich drastisch. In der Genehmigungspraxis werden allerdings beide Größenklassen gerne in einen Topf geschmissen. Mit negativen Folgen für die Kleinwindkraft, wenn die Anlagen vom Bauamt aufgrund strenger Kriterien abgelehnt werden.

Die rechtliche Einstufung von Windkraftanlagen kann auf Basis verschiedener Kriterien erfolgen…

Generatorleistung

Der für die weltweite Kleinwind-Branche wichtigste Verband WWEA (World Wind Energy Association) verwendet eine maximale Nennleistung von 100 Kilowatt als Abgrenzung der Kleinwindkraft.

Die Nennleistung als Abgrenzungskriterium ist bei Windkraftanlagen allerdings problematisch, da in der Regel keine zugrundeliegende Windgeschwindigkeit definiert wird. 100 Kilowatt Nennleistung bei 9 Meter pro Sekunde (m/s) Windgeschwindigkeit oder bei 10 m/s? In der Praxis macht das einen großen Unterschied, beispielsweise was die Stromerträge einer Anlage angeht.

In Deutschland ist die Leistungsgrenze von 50 kW relevant. Grundlage ist das Erneuerbare-Energien-Gesetz (EEG), in dem unter anderem die Einspeisetarife für Strom aus regenerativen Energien festgesetzt werden. Windanlagen mit einer Leistung bis 50 kW bekommen 20 Jahre lang als Einspeisetarif die höhere Anfangsvergütung. Im Jahr 2020 liegt der Einspeisetarif bei 7,39 Cent pro Kilowattstunde. Der Einspeisetarif für Kleinwindanlagen über 50 kW Leistung wird dagegen je nach Windpotenzial des Standorts nach einigen Jahren auf die niedrigere Grundvergütung von 4,17 Cent pro kWh sinken.

Das im August 2014 angepasste EEG schreibt zudem vor, dass ab dem Jahr 2016 nur noch für Windkraftanlagen mit einer Leistung unter 100 kW Leistung die staatlich festgelegte Einspeisevergütung gezahlt wird. Betreiber von Windanlagen über 100 kW müssen den Strom selbst vermarkten.

Anlagenhöhe

Die Höhe der Windanlage ist vor allem im Genehmigungsrecht von Bedeutung. Die Höhe bezieht sich in der Regel auf die Gesamthöhe der Windanlage am Punkt der höchsten Flügelspitze.

Kleinwindkraftanlagen haben auf Basis des Genehmigungsrechts eine Höhe unter 50 m. Sie sind nicht raumbedeutsam: Aufgrund der geringen Höhe sind ihre Einflüsse auf die Umgebung, wie Schall, Schattenwurf oder visuelle Präsenz, gering. Die Genehmigung von Kleinwindkraftanlagen basiert deshalb nicht auf dem Bundes-Immissionsschutzgesetz, wie es für große Windanlagen über 50 m Höhe gilt. Der gesetzliche Rahmen für Kleinwindanlagen wird stattdessen durch die Bauordnungen der einzelnen Bundesländer bestimmt. In manchen Bundesländern können sehr kleine Windanlagen bis 10 m Höhe ohne Genehmigung errichtet werden. Je nach Landesbauordnung werden Windanlagen ab 30 m Höhe als Sonderbau eingestuft, was zusätzliche Prüfungen im Rahmen der Baugenehmigung nach sich ziehen kann.

In der Praxis haben die meisten Kleinwindanlagen in Deutschland eine Gesamthöhe unter 30 m. Bei im Jahr 2020 neu installierten Großwindanlagen lag die Gesamthöhe im Durchschnitt über 200 m.

In der folgenden Grafik werden die Größenunterschiede deutlich: die meisten Kleinwindanlage sind nicht größer als Windanlage B.

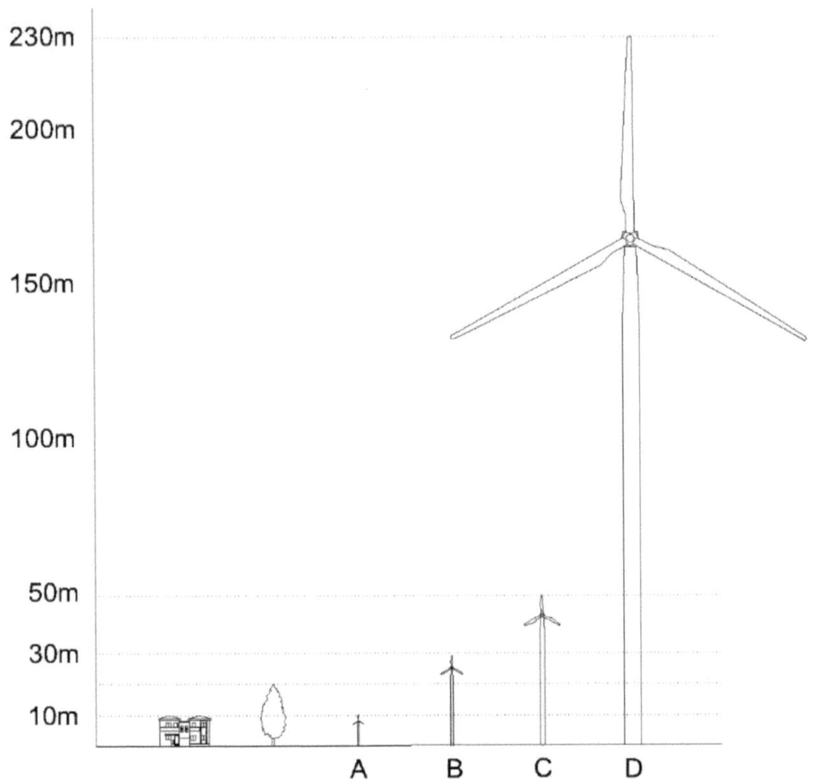

Abbildung 6: Größenunterschiede Kleinwind- und Großwindanlagen

Die Windturbinen in der Grafik im Überblick:

- Windturbine A: Privates Windrad mit 10 m Gesamthöhe.
- Windturbine B: Gewerbliches Windrad mit 30 m Gesamthöhe.
- Windturbine C: Baurechtliche Maximalhöhe eines Kleinwindrads von 50 m.
- Windturbine D: Industrielle Großwindanlage mit Gesamthöhe von 230 m.

Rotorfläche

Die Rotorfläche ist die Kreisfläche des drehenden Rotors, die sogenannte umstrichene Rotorfläche. Die Rotorfläche ist ein weitaus besserer Indikator für die Leistungsfähigkeit eines Windrads als die Nennleistung, denn der Jahresertrag einer Windturbine hängt vor allem von der Windangriffsfläche des Rotors ab.

Die Rotorfläche ist zudem ein entscheidender Faktor für die auf die Anlage wirkende Belastung und die Standsicherheit. In den Richtlinien des Deutschen Instituts für Bautechnik (DIBt) für die Nachweise der Standsicherheit des Turmes und der Gründung von Windenergieanlagen, gelten besondere Bestimmungen für kleine Anlagen. An Windenergieanlagen mit einer Rotorfläche kleiner als 200 m^2 werden leichtere Anforderungen gestellt. Die Prüfung der Standsicherheit von Kleinwindkraftanlagen orientiert sich an der europäischen Norm DIN EN 61400-2. Eine Rotorfläche von 200 m^2 entspricht etwa einem Rotordurchmesser von 16 m.

Der Vergleich mit Großwindkraftanlagen: bei einem Rotordurchmesser von rund 120 m ergibt sich eine Rotorfläche von ca. 11.300 m^2. Die Rotorfläche ist über 56-mal so groß wie bei einer Kleinwindanlage!

Energienutzung und Geschäftsmodell

Neben den Größendimensionen ist vor allem die Verwendung der erzeugten Energie ein entscheidender Unterschied zwischen kleinen und großen Windkraftanlagen.

Bei Großwindkraftanlagen und Windparks ist das Geschäftsmodell der Verkauf des Stroms an Dritte. Kleinwindkraftanlagen dagegen sind Eigenverbrauchsanlagen. Der Strom wird durch den Windanlagenbetreiber größtenteils selbst genutzt. Eine Einspeisung des Stroms ist vor dem Hintergrund der niedrigen Einspeisetarife in Deutschland, Österreich und der Schweiz nicht wirtschaftlich. Beim Selbstverbrauch spart man Stromkosten in Höhe des Strompreises.

Standort und Abstand zum Siedlungsbereich

Bei Großwindanlagen führen Anlagenhöhe und Rotormaße zu weiträumigen Schall- und Schattenemissionen. Deshalb dürfen große Windturbinen nur auf Konzentrationszonen aufgestellt werden, die möglichst fernab des Siedlungsbereichs liegen. Eine Kleinwindanlage dagegen muss neben den Verbraucher gestellt werden, weil dieser nur dann den Strom selbst nutzen kann. Im Sinne des Baurechts sind Kleinwindkraftanlagen in der Regel Nebenanlagen. Eine Nebenanlage ist ein untergeordneter Bestandteil der Hauptanlage. Das Kleinwindrad (Nebenanlage) versorgt ein Gebäude (Hauptanlage).

Leistung	Geringer als 50 kW
Anlagenhöhe	Kleiner als 50 m
Rotorfläche	Kleiner als 200 m^2
Rotordurchmesser	Kleiner als 16 m
Geschäftsmodell	Eigenverbrauch des Stroms
Standort	In der Nähe des Stromverbrauchers

Abbildung 7: Kriterien für Kleinwindanlagen in Deutschland

Anwendungspraxis der Kleinwindkraft in Deutschland

Kleinwindanlagen werden direkt neben dem Betreiber aufgestellt, um diesem Windstrom für den Eigenbedarf zu bereitzustellen. Durch den Eigenverbrauch des Stroms spart der Betreiber Kosten in Höhe seines Strompreises. Eine Einspeisung ins öffentliche Netz und Vergütung des Stroms findet nicht oder nur geringfügig statt. Grund ist der niedrige Einspeisetarif von unter 8 Cent pro kWh.

In der Praxis haben die meisten Kleinwindräder eine Gesamthöhe bis 30 m und eine Nennleistung bis 30 kW. Aufgrund der geringen Maße von Turm und Rotor sind die Anlagen optisch unauffällig.

Kleinwindanlagen werden fast immer als Ergänzung zu Photovoltaikanlagen eingesetzt, da sich die saisonale Energieproduktion durch Sonne und Wind optimal ergänzt. Immer häufiger werden Stromspeicher genutzt, wodurch die Quote der Selbstversorgung signifikant steigt.

3.3 Kleinwindkraft früher und heute

Wenn heute in Deutschland über Windkraftanlagen gesprochen wird, dann betrifft das meistens industrielle Großanlagen über 200 m Höhe. Es gibt mehrere Tausend moderne Kleinwindanlagen in Deutschland, doch aufgrund der geringen Höhe fallen sie nicht auf. Bei einer Autofahrt wird man mehrere Großwindanlagen sehen, an den kleinen Windgeneratoren fährt man vorbei, ohne sie zu bemerken. Die Präsenz der Großwindkraft täuscht darüber hinweg, dass die Geschichte der Windkraftnutzung vorwiegend durch kleine Windräder geprägt ist.

Abbildung 8: Historische Windmühle im Rheinland

Kleinwindkraftanlagen nutzen die Windenergie vor Ort für den Eigenverbrauch. Das gilt für die historische Windmühle zum Mahlen von

Getreide genauso wie für eine moderne Kleinwindanlage, die Strom für ein Gebäude erzeugt. Technisch sind moderne Kleinwindkraftanlagen ein Quantensprung, aber das Anwendungsprinzip ist gleich geblieben. Dieser unmittelbare Bezug zwischen Betreiber und Windenergie macht einen Großteil der Faszination von Kleinwindanlagen aus.

Der Wind wurde von den Menschen schon vor über 2.000 Jahren als Energiequelle auf dem Land genutzt. Um die Pflege dieser Tradition in Deutschland kümmert sich die Deutsche Gesellschaft für Mühlenkunde und Mühlenerhaltung (DGM). Die DGM konnte über 160 verschiedene Anwendungsbereiche von Wind- und Wassermühlen nachweisen: Neben der Verarbeitung von Getreide wurden die Mühlen auch für das Pumpen, Schleifen und die Papierherstellung eingesetzt. An jedem Pfingstmontag veranstaltet die DGM bundesweit den Deutschen Mühlentag und macht durch die Besichtigung von Wind- und Wassermühlen die Tradition lebendig: www.deutsche-muehlen.de

Im Jahr 2020 ist die Kleinwindkraft in Deutschland noch eine Nischenbranche. Ein Boom wie bei der Photovoltaik hat es nicht gegeben. Ein wesentlicher Grund: Miniwindanlagen wurde nie ein fairer Einspeisetarif zugestanden, wie die über 50 Cent pro kWh für Solarstromanlagen. Für eine Kleinwindanlage hat man nie mehr als 9 Cent bekommen.

Die Branche entwickelt sich langsam, aber kontinuierlich weiter. Hierzulande sind schätzungsweise über 20.000 Windanlagen mit einer Leistung unter 100 Kilowatt im Betrieb. Eine genaue Statistik gibt es nicht, da vor allem sehr kleine Batterielader unter einem Kilowatt Leistung in keiner Statistik auftauchen. Es könnten auch deutlich mehr Kleinwindkraftanlagen sein.

Der Inlandsmarkt folgt der weltweiten Entwicklung: Auf der Angebotsseite hat noch keine Marktbereinigung stattgefunden, wie beispielsweise in der Photovoltaik-Branche. Es gibt unzählige Hersteller von Kleinwindanlagen mit unterschiedlichstem Anlagendesign. Darunter einfache und nicht sturmsichere Billigware.

Als eine Herausforderung kann sich die Baugenehmigung erweisen. In manchen Bauämtern herrscht Unwissenheit und Angst vor der „neuen"

Technologie Kleinwindkraft. Anstatt den lokalen Klimaschutz zu stärken, werden Projekt zu oft blockiert. Hier muss noch viel Aufklärungsarbeit geleistet werden.

Es gibt noch eine Vielzahl guter Standorte, die sich für die Installation einer Kleinwindkraftanlage eignen. Alles in allem ist Optimismus angesagt: Wachstumspotenzial ist in Deutschland, Österreich und der Schweiz reichlich vorhanden. Die Nachfrage sowieso, denn viele Gebäudebesitzer wissen, dass für maximale Autarkie nur die Windanlage im Herbst und Winter ausreichend Strom erzeugen kann.

4 WINDENERGIE UND STANDORTPRÜFUNG

Der wichtigste Erfolgsfaktor für eine Kleinwindkraftanlage ist das Windpotenzial in Rotorhöhe. Die Windverhältnisse hängen vor allem von der Lage des Aufstellungsorts der Windturbine ab. Längst nicht jeder Standort hat genug Wind. Die erste Frage im Rahmen eines Kleinwind-Projekts lautet: Habe ich am geplanten Standort übers Jahr gesehen in Rotorhöhe genug Wind?

Im Folgenden werden Grundlagen zur Nutzung bodennaher Windenergie erläutert. Wenn man weiß, wie sich der Wind in der Natur bewegt und welchen Einfluss die Landschaft auf das Windpotenzial hat, wird man die Eignung eines Grundstücks für eine Kleinwindanlage abschätzen können.

4.1 Windkraft ist Naturgewalt

Windenergie kann extreme Kräfte ausüben. Bei jedem Orkan wird die Naturgewalt des Windes in Form entwurzelter Bäume sichtbar. Die Sonne ist eine sanfte Energieform, eine Solaranlage muss man nicht vor zu starker Solarstrahlung schützen. Eine Windanlage ohne Sturmsicherung wird nicht lange überleben.

Das hat einen guten Grund. In der folgenden Gleichung gibt es einen zentralen Wert: v^3. Dieser beschreibt die wichtigste Eigenschaft der Windenergie...

$$P = v^3 \times A \times \frac{D}{2}$$

Abbildung 9: Formel für Berechnung der Windleistung

P = theoretische Leistung des Windes
v = Windgeschwindigkeit
A = umstrichene Rotorfläche
D = Luftdichte

V³ bedeutet: die Leistung der Windenergie steigt mit der dritten Potenz der Windgeschwindigkeit. Verdoppelt sich die Windgeschwindigkeit, kommt es zu einem achtfachen Anstieg der Leistung! Kein Wunder, dass bei hohen Windgeschwindigkeiten Bäume entwurzelt werden.

Eine Verdoppelung der Rotorfläche (A) führt zu einer Verdoppelung der Leistung des Windes. Bei der Rotorgröße haben wir demnach ein proportionales Verhältnis zur Windleistung.

Die enormen auf eine Kleinwindanlage wirkenden Kräfte erfordern eine hochwertige Anlagentechnik. Nehmen wir als Beispiel eine handelsübliche Kleinwindanlage mit einer Nennleistung von 2,4 kW. Der Rotordurchmesser von 3,7 m entspricht einer umstrichenen Rotorfläche von 10,8 m². Die umstrichene Rotorfläche ist die vom drehenden Rotor abgedeckte Kreisfläche. Das Kleinwindrad kommt vorwiegend bei privaten Betreibern zum Einsatz. In der folgenden Tabelle wird in der rechten Spalte die Windleistung in Watt angegeben, der die Kleinwindkraftanlage bei unterschiedlichen Windgeschwindigkeiten ausgesetzt ist.

Windstärke (Beaufort)	Beschreibung	Windstärke (v)	Rotor-Fläche (A)	Windleistung (P)
2	leichte Brise	2 m/s	10,8 m²	0,05 kW
4	Mäßige Brise	7 m/s	10,8 m²	2,27 kW
6	Starker Wind	12 m/s	10,8 m²	11,43 kW
9	Sturm	22 m/s	10,8 m²	70,44 kW
12	Orkan	35 m/s	10,8 m²	283,62 kW

Abbildung 10: Auf 2,4-kW-Windrad wirkende Windleistung

Die Miniwindanlage mit einer Nennleistung von 2,4 kW unterliegt bei einem Orkan einer Windleistung von 283 kW. Das ist das 115-fache der Nennleistung! Offensichtlich wird so eine Windanlage nur überleben und lange laufen, wenn eine zuverlässige Sturmsicherung und Anlagenregulierung implementiert wurde. Mit einfacher Billigware kommt man bei Kleinwindanlagen nicht weit, hochwertige Anlagentechnik ist unverzichtbar.

Für die Berechnungen wurde eine Luftdichte von 1,225 kg/m³ zugrunde gelegt, was den Verhältnissen auf Meereshöhe bei einer Temperatur von 15°C entspricht. Die Luftdichte nimmt mit steigender Höhe über dem Meeresspiegel ab. Da sie gleichzeitig mit steigender Temperatur zunimmt, kann es einen ausgleichenden Effekt geben. Für die meisten Kleinwind-Standorte in Deutschland gelten ähnliche Werte der Luftdichte, die als quasi fixer Wert in die Gleichung eingeht.

Abbildung 11: Durch einen Orkan entwurzelter Baum

Nach Angabe des Deutschen Wetterdienstes hatte die stärkste im Tiefland gemessene Windböe eine Windgeschwindigkeit von 51 m/s (184 km/h), gemessen im Dezember 1999 auf Sylt. Das Maximum an der Küste wird von Windgeschwindigkeiten im Bergland übertroffen. Im Juni 1985 wurde auf der Zugspitze eine Windgeschwindigkeit von 93 m/s (335 km/h) ermittelt.

4.2 Grundlagen der Windenergie

Vom Rotor einer Windkraftanlage kann die stetig strömende, sogenannte laminare Windströmung genutzt werden. Dieser Wind bewegt sich parallel zur Erdoberfläche. Die Strömungsrichtung der nutzbaren Windenergie unterscheidet sich von der Strahlung der Solarenergie. Das ist wichtig zu erwähnen, da es viele Betreiber von Solaranlagen gibt, die bei Kleinwindrädern von ähnlich einfachen Standortanforderungen ausgehen. Während der energiereiche Wind parallel zum Boden fließt, hat die Sonne einen vertikalen Einstrahlungswinkel. Das gilt vor allem in der sonnenreichen Jahreszeit, wenn die Sonne hoch am Himmel steht. Kurz gesagt: Die Sonne kommt von oben, der Wind kommt von der Seite.

Abbildung 12: Strömung des Windes und Strahlung der Sonne

In der obigen Grafik kann man erkennen, dass der Betrieb einer Solaranlage möglich ist, da das Dach von den Sonnenstrahlen erreicht wird. Ein Baum auf dem Grundstück des Betreibers führt dazu, dass die Windturbine im Windschatten steht.

Windenergie als Treibstoff für die Windanlage ist kostenfrei, aber bezüglich Verfügbarkeit, Stärke und Qualität je nach Standort unterschiedlich. Die Standortqualität des Aufstellungsortes einer Kleinwindkraftanlage wird durch die dort herrschende Windgeschwindigkeit, Windrichtung, Windturbulenzen und die zeitlichen Schwankungen des Windangebotes charakterisiert. Diese grundlegenden Begriffe werden in den folgenden Kapiteln beschrieben.

4.2.1 Windgeschwindigkeit

Wie oben erläutert wurde: Die Leistung des Windes steigt mit der dritten Potenz der Windgeschwindigkeit. Dieses Naturgesetz muss man verinnerlichen, denn es hat viele Konsequenzen in der Praxis!

Starker Wind übt eine hohe mechanische Belastung auf die Windanlage aus. Schwach wehender Wind übt eine sehr geringe Leistung aus. Der Rotor mag sich drehen, aber es wird kein Strom erzeugt. Wenn ein Hersteller die besonders niedrige Anlaufgeschwindigkeit einer Windturbine hervorhebt, dann ist das für die Ertragskraft des Windgenerators irrelevant.

Vorteilhaft ist, dass eine geringe Erhöhungen der Windgeschwindigkeit erhebliche Zuwächse der Jahresstromerträge zur Folge hat. Es ist oft erstaunlich, wie stark die Stromproduktion durch einen nur wenige Meter höheren Mast steigt, durch den der Rotor in stärkeren Wind kommt.

Windgeschwindigkeit als Mittelwert

Die Geschwindigkeit des Windes ändert sich permanent. Nach einer Windböe kann die Windstärke schlagartig abnehmen, dann wieder abrupt ansteigen. Über einen bestimmten Zeitraum betrachtet, kann man die verschiedenen Geschwindigkeiten zu einem Mittelwert zusammenfassen. Wird die Güte eines Windanlagen-Standortes beschrieben, wird am häufigsten die mittlere Jahreswindgeschwindigkeit verwendet. In diesem Mittelwert stecken Zeiten von Windstille als auch Sturmböen.

Windgeschwindigkeit und Windstärke können in verschiedenen Einheiten dargestellt werden. In der Windkraft-Branche ist die Angabe per Meter pro Sekunde (m/s) üblich.

Windstärke	Bezeichnung	Mittlere Windgeschwindigk.	
Beaufort		m/s	km/h
0	Windstille	0 - 0,2	< 1
1	leiser Zug	0,3 - 1,5	1 - 5
2	leichte Brise	1,6 - 3,3	6 - 11
3	schwacher wind	3,4 - 5,4	12 - 19
4	mäßiger Wind	5,5 - 7,9	20 - 28
5	frischer Wind	8,0 - 10,7	29 - 38
6	starker Wind	10,8 - 13,8	39 - 49
7	steifer Wind	13,9 - 17,1	50 - 61
8	stürmischer Wind	17,2 - 20,7	62 - 74
9	Sturm	20,8 - 24,4	75 - 88
10	schwerer Sturm	24,5 - 28,4	89 - 102
11	orkanartiger Sturm	28,5 - 32,6	103 - 117
12	Orkan	ab 32,7	ab 118

Abbildung 13: Windtabelle mit Windstärke und Windgeschwindigkeit

Quelle: In Anlehnung an DWD (Deutscher Wetterdienst)

Wie hoch sollte die mittlere Windgeschwindigkeit für den Betrieb einer Kleinwindanlage sein? Das kommt darauf an, welche Erwartungen an die Wirtschaftlichkeit der Betreiber der Windanlage hat. Wer eine hohe Rendite oder schnelle Amortisation der Kleinwindkraftanlage erwartet, wird sich nur mit einer hohen mittleren Jahreswindgeschwindigkeit und entsprechend hohen Stromerträgen zufriedengeben.

Als Daumenregel kann man sich merken: Ein Standort sollte eine mittlere Jahreswindgeschwindigkeit von mindestens 4 m/s haben. Mit diesem Wert alleine kann man nicht viel anfangen. Aufschlussreich sind die Jahresstromerträge von Kleinwindanlagen unterschiedlicher Größe. Einen Eindruck zur Ertragskraft von Kleinwindturbinen bei 4 m/s mittlerem Wind gibt die folgende Tabelle. Alle dargestellten Kleinwindkraftanlagen haben eine horizontale Rotorachse.

	Leistung	**Rotordurchmesser**	**Jahresertrag**
Windturbine A	3,5 kW	4,1 m	2.400 kWh
Windturbine B	6,0 kW	6,0 m	5.900 kWh
Windturbine C	10,0 kW	7,0 m	9.000 kWh
Windturbine D	20,0 kW	13,1 m	24.000 kWh

Abbildung 14: Jahreserträge bei 4 m/s mittlerer Windgeschwindigkeit

Windgeschwindigkeit als Häufigkeitsverteilung

Genauer als der Mittelwert ist die Häufigkeitsverteilung der Windgeschwindigkeiten. Der Grund wurde oben genannt: Die Leistung des Windes steigt überproportional (mit dritter Potenz) mit der Windgeschwindigkeit an. Weht der Wind schwach, wird kein oder sehr wenig Strom erzeugt. Weht der Wind stark, wird überproportional viel Strom erzeugt.

Angenommen, es wird über ein Jahr eine Windmessung durchgeführt. In jeder Minute des Jahres wird ein Wert für die Windgeschwindigkeit ermittelt. Bei 525.600 Minuten pro Jahr hätte man die gleiche Anzahl an Winddaten. Die Daten werden nach der Häufigkeit der Windstärke sortiert. Ein Sturm mit einer sehr hohen Windgeschwindigkeit von 20 m/s wird nur wenige Minuten im Laufe eines Jahres vorkommen, eine schwache Brise von 5 m/s dagegen sehr häufig.

Die Häufigkeitsverteilung der Windstärke kann in Form eines Diagramms angezeigt werden. In der folgenden Abbildung werden auf der x-Achse Windgeschwindigkeitsklassen in Meter pro Sekunde dargestellt. Auf der y-Achse wird die Häufigkeit in Prozent.

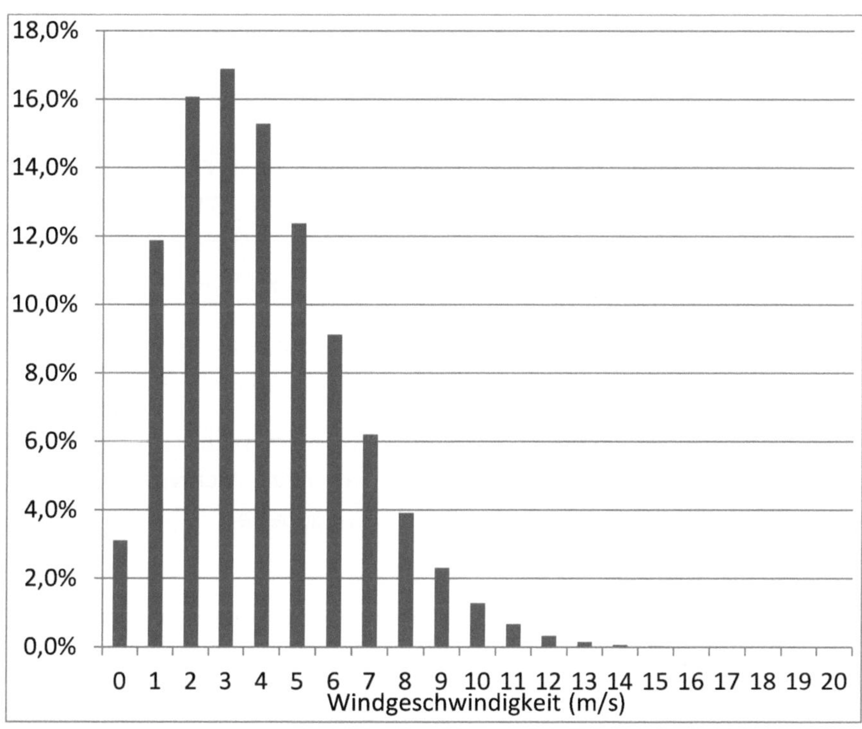

Abbildung 15: Häufigkeitsverteilung der Windgeschwindigkeit

Die Winddaten gelten für einen Standort mit einer mittleren Windgeschwindigkeit von 4,2 m/s. Die Windgeschwindigkeit der Klasse 3 kommt mit 16,9 % am häufigsten vor, insgesamt an 1.479 Stunden der 8.760 Stunden eines Jahres. Eine Windgeschwindigkeit von 12 m/s kommt dagegen nur sehr selten vor, nur 28 Stunden innerhalb eines Jahres (0,3 % des Messzeitraums).

Die Bedeutung der Häufigkeitsverteilung wird deutlich, wenn man die jährlichen Stromerträge einer Kleinwindanlage mit 4 m großem Rotor betrachtet:

Windklasse 4 - 5 m/s:
1.340 Stunden pro Jahr → 240 Kilowattstunden Stromertrag.

Windklasse 9 - 10 m/s:
200 Stunden pro Jahr → 250 Kilowattstunden Stromertrag.

Der starke Wind weht zwar viel seltener, übt aber eine deutlich höhere Leistung aus und produziert in der Summe mehr Strom. Für exakte Ertragsberechnungen ist deshalb die Häufigkeitsverteilung der Windgeschwindigkeiten eine bessere Grundlage als der Mittelwert.

Die Häufigkeitsverteilung der Windgeschwindigkeit wird durch die Weibull-Parameter beschrieben. Diese umfassen zwei Werte:

A-Wert (Skalierungsfaktor):
Der A-Wert steht im Zusammenhang mit der Windgeschwindigkeit einer Messreihe und wird in Meter pro Sekunde angegeben.

K-Wert (Formfaktor):
Der K-Wert gibt die Form der Verteilungskurve wieder. Standorte mit eher konstanten und gleichmäßigen Windverhältnissen haben einen höheren Wert. Ungleichmäßige Windverhältnisse in Form häufiger Flauten und Starkböen werden durch einen geringen K-Wert dargestellt.

Ein Starkwindstandort an der Küste wird einen hohen A-Wert und einen hohen K-Wert haben. Ein Schwachwindstandort im Binnenland mit unsteten Windverhältnissen wird geringe Werte haben.

Die folgende Tabelle zeigt beispielhafte Werte. Sind A-Wert und K-Wert bekannt, kann daraus die mittlere Windgeschwindigkeit (V mittel) berechnet werden.

	a-Wert	k-Wert	v mittel
Küsten-Standort	5,8 m/s	2,1	5,14 m/s
Binnenland-Standort	3,2 m/s	1,4	2,92 m/s

Abbildung 16: Beispielhafte Weibull-Werte

Höhe über Grund

Die Windgeschwindigkeit steigt mit wachsender Distanz zum Boden. Ab einer Höhe von rund 200 m über dem Boden ist die Windgeschwindigkeit nicht mehr abhängig von der Reibung der Erdoberfläche.

Moderne Großwindkraftanlagen mit einer Gesamthöhe über 200 m haben sehr viel bessere Windbedingungen als Kleinwindkraftanlagen. Ein Windpark in der Nähe ist kein Indikator für gute Windverhältnisse in Bodennähe bis 50 m.

Bedeutung für die Praxis: mit einem höheren Mast kommt man in stärkeren Wind. Dadurch steigen die Stromerträge. Angenommen in 10 m Höhe wurde eine mittlere Windgeschwindigkeit von 3,5 m/s gemessen. Das ist dem Betreiber zu wenig. Auf einem 25 m hohen Mast würde das Windpotenzial auf akzeptable 4,1 m/s steigen.

4.2.2 Windrichtung

Wind ist nicht nur in der Stärke, sondern auch in der Richtung wechselhaft. Über einen längeren Zeitraum betrachtet, bilden sich an einem Standort in der Regel ein oder zwei Hauptwindrichtungen heraus. Aus der Hauptwindrichtung weht der Wind nicht nur besonders häufig, sondern auch besonders stark.

Deutschland befindet sich in der Westwindzone. Hauptwindrichtung ist West. Die Windrichtung bezieht sich auf die Himmelsrichtung, aus der der Wind kommt. Generell betrachtet fließt ein Großteil der Windenergie in Deutschland von West nach Ost. Je nach Standort liegt die Hauptwindrichtung eher im Südwesten, Westen oder Nordwesten. Bei dieser generalisierenden Betrachtung darf man nicht vergessen, dass es besondere lokale Windverhältnisse geben kann.

Die grafische Darstellung der Windrichtungen eines Standorts erfolgt durch eine Windrose. Die Messung erfolgt durch eine Windfahne, die sich permanent in den Wind dreht. Auf einem Datenlogger wird die Windrichtung gemeinsam mit der Windgeschwindigkeit pro Zeiteinheit aufgezeichnet.

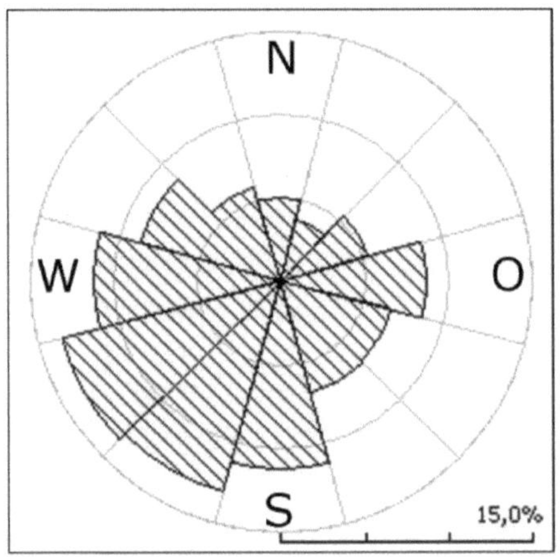

Abbildung 17: Windrose mit Hauptwindrichtung Südwesten

Bedeutung für die Praxis: aus Hauptwindrichtung muss der Wind zur Windanlage möglichst frei anströmen können. Deshalb ist es so wichtig, die Hauptwindrichtung zu kennen.

4.2.3 Windturbulenzen

Wenn Wind auf ein Hindernis trifft, entstehen Windturbulenzen. Diese Luftverwirbelungen sind durch abrupte Änderungen von Windgeschwindigkeit und -richtung gekennzeichnet. Turbulenter Wind kann vom Rotor der Kleinwindanlage nur unzureichend verwertet werden. Windturbulenzen verringern nicht nur die Energieerträge der Windturbine, sondern führen auch zu einer Belastung der Anlagenkomponenten. Die Lebensdauer der Windturbine wird verkürzt, Teile verschleißen früher und die Wartungskosten steigen.

Statistisch betrachtet werden Windturbulenzen durch die Standardabweichung der Windgeschwindigkeit dargestellt. Je mehr Ausreißer es vom Mittelwert gibt, desto höher ist die Standard- abweichung und desto turbulenter sind die Windverhältnisse. Ein guter Kleinwind-Standort ist durch einen gleichförmigen Luftstrom in Rotorhöhe gekennzeichnet. Die Turbulenzintensität nimmt generell mit wachsender Entfernung vom Erdboden ab.

4.2.4 Zeitliche Schwankungen

Das Windangebot ändert sich im Tages-, Monats- und Jahresverlauf. Bei der Planung und Auslegung einer Kleinwindkraftanlage muss man zeitliche Schwankungen einkalkulieren. Wann wird voraussichtlich viel Wind und damit eigener Strom zur Verfügung stehen? Ziel ist ein möglichst hoher Direktverbrauch des Stroms.

Den Tagesverlauf der Windenergie betrachtend ist ein offensichtlicher Vorteil gegenüber der Solarenergie die mögliche Stromproduktion in der Nacht.

Auch im Monatsverlauf ergibt sich in unserer Klimazone eine gute Ergänzung zur Solarenergie. Im Herbst und Winter ist der Wind besonders stark, die Solarstrahlung dagegen vor allem im Winter schwach.

Das hohe Windangebot in der kalten Jahreszeit führt zu einem weiteren Vorteil der Kleinwindkraft: Die Heizperiode entspricht der windstarken Jahreszeit. Wer eine hundertprozentige Selbstversorgung eines Gebäudes mit Strom und Wärme beabsichtigt, kommt an einer Kleinwindanlage kaum vorbei. Woher soll der Strom für die Wärmepumpe und den Heizstab im Wasserspeicher sonst kommen?

Die folgende Tabelle umfasst exemplarisch Daten für einen Standort mit einer mittleren Jahreswindgeschwindigkeit von rund 4 m/s und einer Windanlage mit 6 kW Leistung. Die mittlere Windgeschwindigkeit (v mittel) und die Stromerträge schwanken im Monatsverlauf. In den Wintermonaten wird deutlich mehr Strom als im Sommer erzeugt.

	v mittel (m/s)	Stromertrag (kWh)
Januar	4,88	817
Februar	4,37	608
März	4,34	558
April	3,66	348
Mai	3,75	378
Juni	3,42	273
Juli	3,75	378
August	3,57	317
September	3,64	342
Oktober	4,08	492
November	4,43	633
Dezember	4,48	704
$\sum$ Gesamtejahr	4,03	5.847

Abbildung 18: Monatliche Stromerträge einer 6-kW-Windanlage

Wichtig: das monatliche Windangebot ändert sich im Jahresverlauf. Es kann immer mal Ausreißer geben. In einem Sommermonat kann mal viel

Windstrom erzeugt werden, so wie es auch mal einen windschwachen Wintermonat geben kann.

Auch im Jahresverlauf schwankt das Angebot an Windenergie. Es gibt gute und schlechte Windjahre. Die langjährige Datenreihe wird als Windindex bezeichnet und zeigt prozentuale Schwankungen im Vergleich zu einem langjährigen Mittelwert an. Als Datengrundlage eines Windindex können Windmessdaten oder Ertragsdaten von Windkraftanlagen dienen. Datenbanken mit Ertragsdaten gibt es nicht von Kleinwindkraftanlagen, sondern nur von großen Windturbinen.

Vom der anemos GmbH wird jährlich der kostenfreie „Wind- und Ertragsindex Report" herausgegeben. Beispielsweise war das Jahr 2019 im Vergleich zum Referenzzeitraum 2000 bis 2019 ein windstarkes Jahr. Der Windindex für 2019 beträgt 101,9 %, der Ertragsindex 104,7 %. Die Messhöhe für den Windindex beträgt 100 m über Grund. Weitere Informationen auf folgender Seite: www.anemos.de

Wenn man das Windpotenzial seines Grundstücks mit einer Windmessung in Erfahrung bringt, so liegen nicht immer Messdaten für alle Monate des Kalenderjahres vor. Wenn man beispielsweise von Juli bis inklusive Dezember eine Windmessung durchführt, können für die fehlenden sechs Monate des Kalenderjahres Winddaten abgeleitet werden. Wenn man die prozentualen Unterschiede der einzelnen Monate kennt, kann man die fehlenden Werte ermitteln.

Analog muss das Windpotenzial des aktuellen Jahres eingeordnet werden. Wenn eine Windmessung in einem windschwachen Jahr durchgeführt wird, müssen die gewonnenen Winddaten für die kommenden Jahre hochgerechnet werden. Generell kann man den zukünftigen Verlauf des Windangebots nicht vorhersagen, es wird immer Unsicherheiten und Schwankungen geben.

4.3 Merkmale windstarker Standorte

4.3.1 Regionales Windpotenzial und Windkarten

Eine großräumige Betrachtung des Windpotenzials umfasst die Wetterbedingungen der Klimaregion. Jede Klimaregion hat ein unterschiedliches saisonales Muster in Bezug auf Windstärke und Windrichtung. Die Windverhältnisse in der Antarktis sind anders als in den Tropen. Deutschland liegt in den gemäßigten Breiten.

Wichtig ist die Kenntnis über die Hauptwindrichtung. Wie oben beschrieben, kommt in Deutschland der starke Wind aus westlicher Richtung. Ursache dafür ist die Westwinddrift, eine in den Gemäßigten Breiten vorkommende atmosphärische Luftzirkulation. Wer in einer anderen Klimaregion eine Kleinwindkraftanlage plant, muss sich über dortige Windverhältnisse informieren.

Innerhalb einer Klimaregion gibt es verschiedene Landschaftstypen mit unterschiedlichem regionalen Windpotenzial. Eine mögliche Einteilung für Deutschland: Küstenregion, Norddeutsche Tiefebene, Mittelgebirge und Alpenregion.

Eine Übersicht zu den regionalen Windverhältnissen bieten Windkarten. Windkarten gibt es als gedruckte Karten oder PDF-Dateien, aber auch als Online-Karten. Praktikabel ist der Global Wind Atlas, der weltweite Winddaten bereitstellt und kostenfrei ist: globalwindatlas.info.

Auch über den Deutschen Wetterdienstes (DWD) kann man Windkarten für Deutschland erhalten. Kostenfrei zum Runterladen als PDF-Datei. Es können Karten für Deutschland und die einzelnen Bundesländer runtergeladen werden. Im Suchschlitz eingeben: „Windkarten zur mittleren Windgeschwindigkeit": www.dwd.de

Wichtig bei allen Wetterkarten ist die Auswahl der richtigen Höhe der Messdaten. Für Kleinwindkraftanlagen muss man unbedingt die Höhe von 10 m wählen. Nur die Winddaten in dieser Höhe interessieren uns.

Andere Höhen wie 100 m verzerren das Bild für Kleinwindkraft-Nutzer, da das Windangebot viel höher ist als in Bodennähe.

Video-Tipp
Die Nutzung des Global Wind Atlas als auch der DWD-Karten habe ich in einem Video über kostenfreie Windkarten erläutert.
Video: https://youtu.be/n4--V3zG0Rk
Kanal: www.youtube.com/kleinwindkraft

Als Daumenregel kann man sich merken: ein Standort sollte eine mittlere Jahreswindgeschwindigkeit von mindestens 4 m/s in Rotorhöhe haben. Im Binnenland kann dieser Wert erreicht werden. An Küstenstandorten können in 10 m Höhe mittlere Windgeschwindigkeiten von 5 m/s oder mehr erzielt werden.

Abbildung 19: Mini-Windrad auf Straßenlaterne am Meer

Foto: preVent GmbH

Man muss die Einschränkungen von Windkarten kennen: sie umfassen Daten zum *regionalen* Windpotenzial. Entscheidend ist aber das lokale

Windpotenzial, welches von der unmittelbaren Umgebung des Standorts abhängig ist. Nur wenn man ein gutes lokales Windpotenzial hat, kann man das regionale Windpotenzial ausschöpfen.

Ein Beispiel aus der Praxis: zwei Orte in Brandenburg haben das gleiche regionale Windpotenzial von ungefähr 4 m/s mittlere Windgeschwindigkeit pro Jahr. Windmessungen auf zwei konkreten Grundstücken in den beiden Orten ergeben Winddaten von 4,2 m/s und 2,9 m/s. Eine Kleinwindanlage mit 3 Kilowatt Leistung und einem Rotordurchmesser von 4 m würde am windstarken Standort 2.400 kWh und am windschwachen Standort nur 700 kWh Strom pro Jahr erzeugen. Ein gewaltiger Unterschied.

Ort	Messhöhe	V mittel	Strom pro Jahr
Sieversdorf	10 m	2,9 m/s	700 kWh
Podelzig	10 m	4,2 m/s	2.400 kWh

Abbildung 20: Erträge von zwei 3-kW-Windrädern in Brandenburg

Warum ist das faktische lokale Windpotenzial so unterschiedlich, obwohl beide Standort in der gleichen Region liegen? Nur der windstarke Standort wird aus Hauptwindrichtung frei angeströmt. Mehr zum lokalen Windpotenzial in den folgenden Kapiteln.

4.3.2 Relief (Berge und Täler)

Das Relief umfasst Geländeformen wie z. B. Berge, Höhenrücken und Täler. In Deutschland nehmen die hohen Windgeschwindigkeiten an der Küste in Richtung Süden zunächst ab. Mit zunehmender Höhe der Mittelgebirgsregionen steigen die Windgeschwindigkeiten wieder.

Auch in einer durch markantes Relief geprägten Landschaft ist die Position eines Standorts zur Hauptwindrichtung wichtig. Das gilt für

Hänge, als auch für Täler. Ein der Hauptwindrichtung zugeneigter Hang (Luvseite) wird bessere Windverhältnisse aufweisen als ein rückseitiger Hang (Leeseite). Tallagen entlang der Hauptwindrichtung sind begünstigt, während Täler quer zur vorherrschenden Windströmung mit weniger guten Standorten für Kleinwindkraftanlagen gekennzeichnet sind. Durch die Verengung eines Tals in Hauptwindrichtung kann der Wind zusätzlich beschleunigt werden.

Schon im Mittelalter wurden zur Aufstellung von Windmühlen sogenannte Mühlenberge genutzt: in Windrichtung ansteigende Hänge ohne Bewaldung. An einer hoch gelegenen Stelle wurde die Windmühle positioniert, die von besonders starken Windströmungen profitiert hat. Noch heute verweisen Straßennamen wie „Mühlberg" oder „Mühlenberg" auf solche historischen Windenergie-Standorte.

Abbildung 21: Private Windanlage in windstarker Hanglage

Die folgenden Grafiken stellen drei Reliefformen mit vorteilhaften Lagen dar.

1. Höhenlagen
2. Kammlagen in Hauptwindrichtung
3. Täler und Gebirgsdurchgänge in Hauptwindrichtung (Wind-Kanalisierung)

Abbildung 22: : Günstiges Relief – Höhenlage

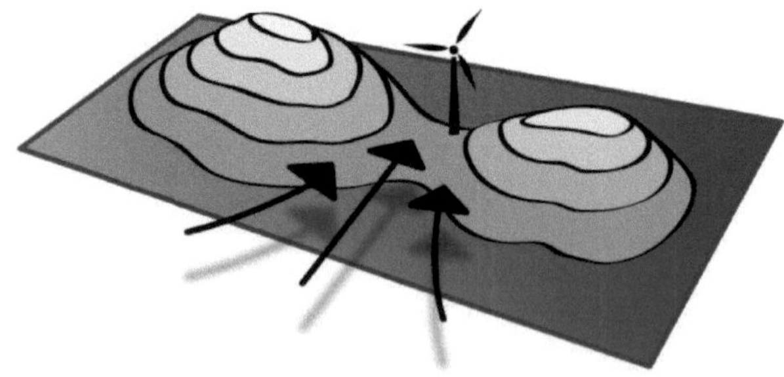

Abbildung 23: Günstiges Relief - Täler entlang Hauptwindrichtung

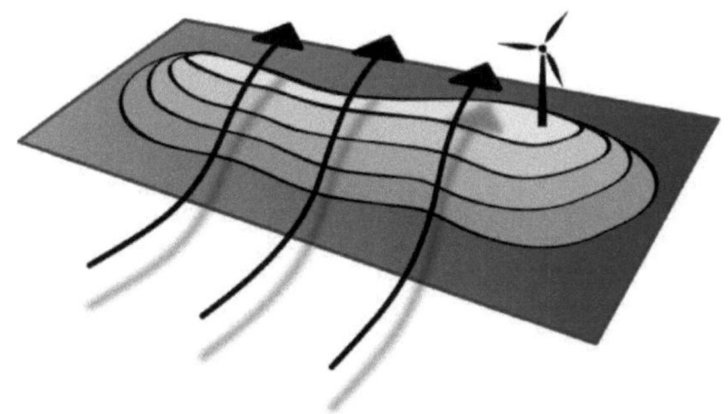

Abbildung 24: Günstiges Relief - Kammlage

Gestaltung Relief-Grafiken: Holger Hartz

Durch besondere Reliefformen können regionale Windsysteme entstehen, die neben der weiträumig wirkenden atmosphärischen Zirkulation wirken. Dazu gehören Fallwinde wie der Föhn, Mistral und Bora.

4.3.3 Landnutzung und Hindernisse

Die Landnutzung wie Wälder, Weideflächen, Siedlungen oder Wasserflächen beeinflusst entscheidend das Windpotenzial. Als Fachbegriff wird dies als Rauigkeit (oder Rauheit) der Landschaft bezeichnet. In der Praxis geht es bei der Landnutzung vor allem um Hindernisse, die als Windbarrieren die Stromerträge einer Kleinwindanlage negativ beeinflussen können.

Eine hohe Rauigkeit haben Waldgebiete, da Bäume zum einen oft hoch, und zum anderen undurchlässig für den Wind sind. Laubbäume tragen im windstarken Winter keine Blätter und blocken den Wind nicht so stark wie die immergrünen Nadelbäume.

Eine geringe Rauigkeit haben Wasserflächen. Großwindkraftanlagen werden aufgrund der hervorragenden Windverhältnisse mitten im Meer aufgestellt (Offshore-Windparks). Im Binnenland haben Seenflächen eine positive Wirkung auf das Windpotenzial.

Die nachfolgende Tabelle gibt einen Überblick zu verschiedenen Landschaftstypen. Je niedriger der Wert der Rauigkeitslänge z_0 desto weniger bremst die Erdoberfläche den Wind.

Klassifizierung nach Davenport	Beschreibung	Rauigkeitslänge z_0 in m
1 - See	Offene See	0,0002
2 - glatt	Wattgebiete	0,005
3 - offen	Weidelandschaften, offenes Flaches Gelände	0,03
4 - offen bis rau	Landwirtschaftliche Fläche mit niedrigem Bestand	0,1
5 - rau	Landwirtschaftliche Fläche mit hohem Bestand	0,25
6 - sehr rau	Parklandschaft mit Büschen und Bäumen	0,5
7 - geschlossen	Regelmäßige Hindernisse (Wälder, Dörfer, Vororte)	1
8 - Stadtkerne	Zentren von großen Städten	2

Abbildung 25: Rauigkeit der Erdoberfläche

Quelle: In Anlehnung an Volker Quaschning. Regenerative Energiesysteme. 7. Auflage. 2011.

Gute Standorte für Kleinwindanlagen im Flachland haben in Hauptwindrichtung eine glatte und offene Landschaft. In Bezug zur linken Spalte der Tabelle sind dies die Klassen 1 bis 4.

Siedlungsgebiete werden den Klassen 7 und 8 zugeteilt und sind offensichtlich keine guten Standorte für Kleinwindanlagen. Die zahlreichen Gebäude sind eine Ansammlung von Windbarrieren. Vor diesem Hintergrund scheint es verwunderlich, dass manche Anbieter kleiner Windräder diese vor allem für die Nutzung in Wohngebieten anpreisen. Ungünstige Lagen befinden sich vor allem inmitten flacher Siedlungsgebiete. Ringsherum befinden sich Gebäude und Bäume, die den Wind abschirmen. Geeignete Lagen können sich am Siedlungsrand zur Hauptwindrichtung ergeben.

Pauschale Urteile bei der Bewertung von Kleinwind-Standorten sind nicht möglich, es zählt immer der Einzelfall. Nehmen wir als ein Beispiel das nächste Foto. Man sieht den westlichen Siedlungsrand einer kleinen Stadt in einer vorteilhaften leichten Hanglage. Ein aussichtsreicher Standort für eine Kleinwindkraftanlage, denn in Hauptwindrichtung befindet sich ein freies Feld. Dieses könnte den Klassen 3 oder 4 zugeordnet werden.

Abbildung 26: Siedlungsrand als aussichtsreicher Standort

Doch die Landnutzung würde sich ändern, wenn auf dem Feld im Laufe der Fruchtfolge Mais angebaut würde. Maisstauden können drei Meter hoch werden und würden den starken Westwind signifikant blocken.

Wichtig ist der Zeitpunkt der Maisernte, dieser kann zwischen Mitte September bis Mitte November liegen. Je früher desto besser für den Betreiber der Windanlage. Das Beispiel zeigt: Jede Lage hat einen eigenen Charakter und muss in Bezug auf Relief und Landnutzung für sich beurteilt werden.

Die Landnutzung hat einen wesentlichen Einfluss darauf, wie sich die Windgeschwindigkeit mit zunehmender Höhe verstärkt. Das sogenannte logarithmische Windprofil beschreibt die Abhängigkeit der Windströmung von der Oberflächenrauigkeit. Auf einer sehr glatten Oberfläche wie z. B. einem Flugfeld nimmt die Windgeschwindigkeit mit steigender Höhe relativ wenig zu. Im Gegensatz dazu eine Parklandschaft mit vergleichsweise hoher Rauigkeit: Der Wind in geringer Höhe ist schwach. Mit zunehmender Höhe steigt die Windgeschwindigkeit aber prozentual stärker an, als auf dem Flugfeld. In einer Höhe von rund 200 m ist die Windgeschwindigkeit dann an jeder Stelle gleich hoch, die Erdoberfläche hat keinen Einfluss mehr.

Ein wichtiger Bezug zur Praxis: ein höherer Mast bringt vor allem an Standorten mit hoher Rauigkeit einen deutlichen Mehrwert. Beispiel: Das 3 m hohe Maisfeld in Hauptwindrichtung ist der Grund, warum in 10 m Höhe schwacher Wind herrscht. Der Zugewinn an Windstärke durch einen 20 m Mast ist überproportional stark. Ganz anders verhält es sich mit einer an einem Seeufer gelegenen Kleinwindanlage: Aufgrund der Wasserfläche in Hauptwindrichtung bläst der Wind schon in 10 m stark. Der prozentuale Zugewinn an Wind und Stromertrag durch einen 20 m Mast ist vergleichsweise gering.

Auch einzelne Objekte wie ein Baum oder ein Gebäude können das Windpotenzial verringern, wenn sie in der Nähe der Kleinwindanlage stehen.

Die Auswirkungen eines Hindernisses auf das Windpotenzial in Rotorhöhe hängen ab von der...

1. Höhe, Breite und Form des Hindernisses
2. Lage des Hindernisses zur Hauptwindrichtung
3. Entfernung des Hindernisses zur Windanlage

Ein quer zur Windrichtung stehendes Gebäude führt zu einer Stauung und Verwirbelung des Windes, da die Wand vertikal zur Luftströmung steht. Hinter dem Gebäude bildet sich eine Turbulenzblase, deren Länge ein Vielfaches der Hindernishöhe beträgt. Deshalb muss ein Windrad weit genug vom Hindernis entfernt stehen. Je höher das Hindernis in Hauptwindrichtung, desto größer muss der Abstand von diesem Hindernis sein.

Eine Daumenregel besagt, dass der Abstand zum Hindernis das Zwanzigfache der Hindernishöhe betragen muss. Besteht das Hindernis beispielsweise aus einer 10 m hohen Baumreihe, dann sollte die Anlage 200 m von dieser Baumreihe entfernt stehen. Die folgende Grafik verdeutlicht die Zusammenhänge...

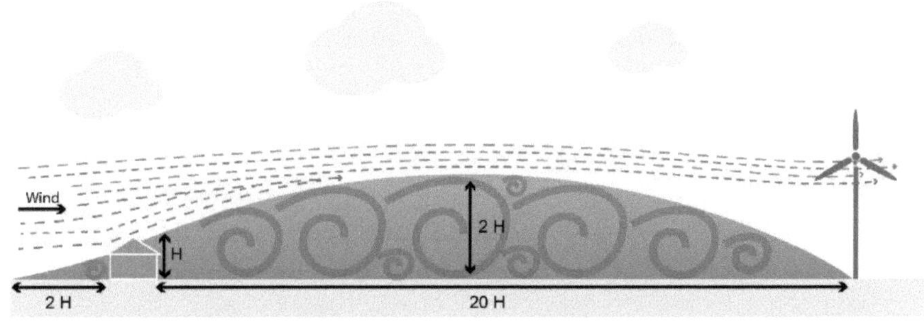

Abbildung 27: Abstand einer Kleinwindanlage zu einem Hindernis

In der Grafik erkennbar ist, dass die Masthöhe der Windanlage möglichst doppelt so hoch wie das Hindernis sein sollte.

Video-Tipp
Was eine windstarke Lage ausmacht und wie gute Standorte aussehen, habe ich in folgendem Video dargestellt...
Video: https://youtu.be/8r40g6VOMno
Kanal: www.youtube.com/kleinwindkraft

4.4   Windverhältnisse auf Dächern

In der Praxis hat sich gezeigt, dass Kleinwindanlagen auf Dächern oft wenig Strom produzieren. Verbunden mit einer späteren Demontage der Anlagen. Hauptursache sind in der Regel die schwierigen Windbedingungen auf Dächern. Eine Kleinwindkraftanlage sollte deshalb möglichst auf einem ebenerdigen Mast oder Turm installiert werden.

Die Kleinwindanlagen auf dem folgenden Foto auf einem Bürogebäude wurden nach Angabe des Herstellers wieder abgebaut.

Abbildung 28: Kleinwindräder auf Flachdach eines Bürogebäudes
Foto: Aerocraft / Gödecke Energie- und Antriebstechnik GmbH

Generell betrachtet könnte die Installation auf einem Haus den Vorteil haben, dass die Gesamthöhe der Windanlage gesteigert bzw. bei gleicher Gesamthöhe ein kleinerer Mast genommen werden kann.

Das grundlegende Problem von Dachmontagen beruht auf der Beeinflussung der Windverhältnisse durch den Gebäudekörper. Das vom Wind angeströmte Bauwerk führt zu Turbulenzen und einer Ablenkung der Luftströmung. In der Nähe der Dachoberfläche sind die Verwirbelungen besonders stark.

Auf der folgenden 3D-Simulation erkennt man, wie der Wind von einem Hochhaus geblockt, abgelenkt und verwirbelt wird. Auf der dem Wind zugewandten Seite entsteht ein Rückstau, hinter dem Gebäude herrschen ebenfalls starke Turbulenzen. Über dem Dach kann man stetig fließende Strömungsbänder erkennen.

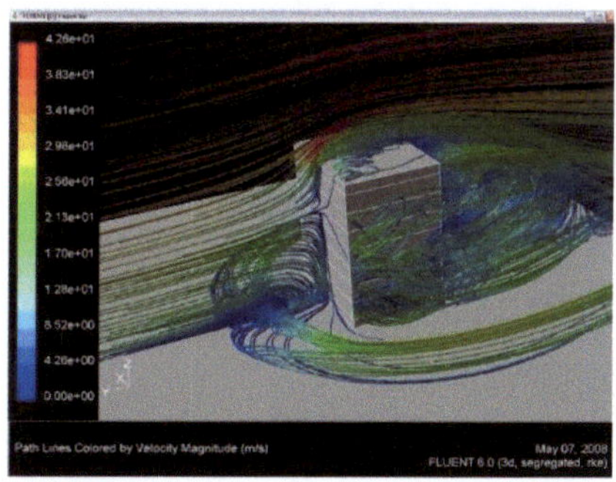

Abbildung 29: Simulation der Windströmung an einem Hochhaus

Quelle: J.C. Sáenz-Díez Muro, E. Jiménez Macías, J.M. Blanco Barrero, M. Pérez de la Parte, and J. Blanco Fernández (2010): Two-Dimensional Model of Wind Flow on Buildings to Optimize the Implementation of Mini Wind Turbines in Urban Spaces. University of La Rioja.

Strömt Wind auf eine Gebäudewand, entsteht ab der Kante des Flachdachs eine Verwirbelungsblase, die zur Dachmitte hin ansteigt. Der

Rotor der Windanlage muss sich außerhalb dieser Blase befinden. Forscher der spanischen Universität La Rioja haben ermittelt, dass die Windgeschwindigkeit im Strömungsfeld über der Turbulenzblase sogar bis zu 20% höher liegen kann, im Vergleich zur gleichen Stelle ohne Gebäudeeinfluss.

In der folgenden Grafik ist der dunkel gefärbte Bereich über dem Dach durch vorteilhafte Windbedingungen gekennzeichnet. Dieses starke Windfeld bildet sich an der linken Dachkante und steigt zur Dachmitte hin an. Je näher die Windanlage an dieser Dachkante steht, desto kleiner kann der Mast sein.

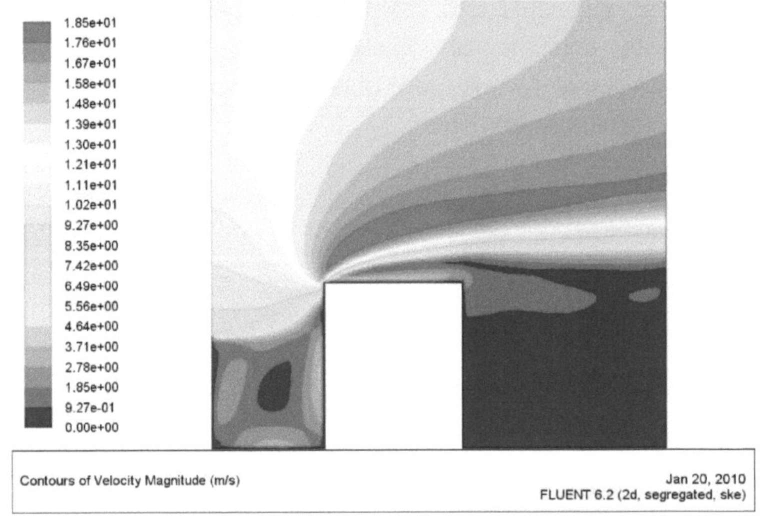

Abbildung 30: Strömungsfelder auf hohem Flachdach

Quelle: J.C. Sáenz-Díez Muro, E. Jiménez Macías, J.M. Blanco Barrero, M. Pérez de la Parte, and J. Blanco Fernández (2010): Two-Dimensional Model of Wind Flow on Buildings to Optimize the Implementation of Mini Wind Turbines in Urban Spaces. University of La Rioja.

Problematisch auf einem Dach kann die Schräganströmung des Windes sein. Während auf freiem Feld der Wind parallel zum Boden strömt, kann der Wind je nach Lage auf dem Dach schräg auf den Rotor strömen. Vertikale Kleinwindkraftanlagen können den schräg anströmenden Wind besser nutzen als Windanlagen mit horizontaler Rotorachse. Horizontale Windanlagen haben allerdings einen besseren Wirkungsgrad, verbunden mit höheren Stromerträgen.

Abbildung 31: Vertikale Windturbine an der Kante eines Flachdachs

Die Erfahrungen zeigen: der Teufel steckt im Detail. Auf jedem Dach herrschen andere Windverhältnisse, je nach Lage, Höhe und Form des Daches. Auch die Umgebung spielt eine Rolle. Wenn in Hauptwindrichtung eng beieinander stehende Gebäude gleicher Höhe liegen, dann können die einzelnen Dächer wie eine homogene Fläche wirken, über die der Wind gleichmäßig fließt. Liegen in Hauptwindrichtung höhere Gebäude, so können diese den Wind aufhalten und verwirbeln.

Bevor eine Kleinwindanlage auf einem Dach installiert wird, sollte man die Voraussetzungen des Daches vorab prüfen. Bestenfalls mit Strömungsanalysen. Doch das ist aufwendig und mit entsprechenden Kosten verbunden. Im deutschsprachigen Raum haben die HTW Berlin und die FH Technikum Wien die Nutzung der Kleinwindkraft auf Dächern untersucht.

Nachteile der Dachmontage

Wenn möglich, dann sollte eine Kleinwindkraftanlage auf einen ebenerdigen Mast gestellt werden. Nicht nur die Windverhältnisse auf Dächern sind oft schwierig, auch andere Probleme weisen das Dach als suboptimalen Installationsort für eine Kleinwindanlage aus.

Körperschallübertragungen können zu störenden Geräuschen innerhalb des Gebäudes führen. Das ist vor allem für Gebäude relevant, in dem sich oft Menschen aufhalten, weil sie dort wohnen oder arbeiten. In einer als Lagerraum genutzten Scheune wird der Schall niemand stören. Die durch den Rotor erzeugten Schwingungen übertragen sich auf das Gebäude, welches als Resonanzkörper fungiert. Den Körperschall wirkt somit innerhalb des Gebäudes und hat nichts mit den Schallwerten des Rotors zu tun. Ob Gegenmaßnahmen wie Körperschallentkopplungen wirkungsvoll sind, wird man erst im Nachhinein erkennen.

Speziell Giebeldächer sind als Installationsorte nicht gut geeignet, weil sie im Gegensatz zu Flachdächern schwer begehbar sind. Die Installation als auch Wartungsarbeiten sind schwierig zu bewältigen.

Die Statik eines Daches begrenzen die Größe des Rotors und des Mastes einer Windanlage. Alles in allem werden nur sehr kleine Windanlagen für eine Montage geeignet sein.

4.5 Ermittlung des Windpotenzials

Wer eine Solaranlage plant hat es einfach: mit Hilfe von Online-Diensten oder Spezialsoftware kann man schnell das Solarenergiepotenzial in Erfahrung bringen. Auf dieser Basis kann man die jährlichen Stromerträge einer Photovoltaikanlage berechnen. Eine Verschattung des Daches erkennt man an den dunklen Stellen.

Die Ermittlung des Windenergiepotenzials eines Standorts ist nicht so einfach und schnell durchgeführt. Je näher sich der Rotor zum Boden befindet, desto stärker wirkt sich die unmittelbare Umgebung auf das Windpotenzial aus. Windschatten kann man nicht sehen oder fühlen. Was man als starken Wind wahrnimmt, können Windturbulenzen sein, die vom Rotor kaum in Energie gewandelt werden können. Man sollte sich nicht an der persönlichen „gefühlten" Windstärke orientieren, nach dem Motto: Bei mir bläst immer der Wind!

Mit dem Windangebot des Aufstellungsorts der Windanlagen steht und fällt jedes Kleinwindkraft-Projekt. Erster Schritt muss die Ermittlung des Windpotenzials des Standorts sein.

Zuerst erfolgt eine grobe Sichtprüfung. Durch einen Besuch des geplanten Aufstellungsorts der Windanlage, als auch durch Nutzung von Google Maps oder anderen Online-Karten.

Wenn die Sichtprüfung eine prinzipielle Eignung des Standorts ergibt, kann mit einer Windmessung die konkrete mittlere Jahreswindgeschwindigkeit in Erfahrung gebracht werden. Auch das Kurzgutachten eines Ingenieurbüros für Windenergie ist eine Möglichkeit: man muss nicht mehrere Monate auf die Windmessdaten warten. Als professionelles Tool zum Selbernutzen bietet sich schließlich der Online-Dienst mywindturbine.com an. Mehr zu den einzelnen Möglichkeiten in den folgenden Kapiteln…

4.5.1 Sichtprüfung

Als Wissensbasis für eine Sichtprüfung dienen die oben beschriebenen Grundlagen der Windenergie, als auch die Eigenschaften windstarker Standorte hinsichtlich Relief, Landnutzung und Hindernissen.

Erinnern wir uns an die Kernfrage bei der Prüfung eines Standorts: Wird der Rotor aus Hauptwindrichtung frei angeströmt oder gibt es Hindernisse, die dem Wind die Energie nehmen? Die Rotorhöhe kann sich je nach Betreibergruppe unterscheiden. Ein privater Betreiber könnte beispielsweise eine Anlage bis maximal 10 Meter Gesamthöhe in Betracht ziehen, ein Landwirt eine Windanlage bis 30 Meter Höhe und ein Industriebetrieb könnte die maximale Höhe einer Kleinwindanlage von 50 m ausreizen. In 10 m ist der Wind signifikant schwächer als in 50 m Höhe.

Windstarke Lagen sind in Deutschland üblicherweise die westlichen Ränder von Siedlungsgebieten, erhöhte oder freie Lagen. Es gibt es ein großes, noch nicht erschlossenes Standortpotenzial für Kleinwindanlagen. Vielen Eignern der Grundstücke mit guter Lage ist das nicht bewusst. Auf der anderen Seite sind viele Grundstücke nicht geeignet. Dazu zählen dichtbesiedelte Wohngebiete im Flachland.

Durchführung der Sichtprüfung

Vor der Sichtprüfung muss man die Hauptwindrichtung(en) des Standorts in Erfahrung bringen. Praktikabel ist dafür die Online-Windkarte des Global Wind Atlas (siehe Kap. 4.3.1 inkl. Video-Tipp).

Eine Kleinwindanlage wird an der Stelle des Grundstücks installiert, die aus Hauptwindrichtung frei angeströmt wird. Gehen wir davon aus, dass die Hauptwindrichtung Südwesten ist. Man stellt sich an die südwestliche Stelle des Grundstücks und blickt in Hauptwindrichtung d.h. nach Südwesten. Sind dort Hindernisse wie z.B. Bäume erkennbar, die den Wild aufhalten? Wir erinnern uns an die Daumenregel: der Abstand der Windanlage zum Hindernis sollte in flacher Landschaft das Zwanzigfache der Hindernishöhe betragen (siehe dazu Kap. 4.3.3 inkl. Video-Tipp).

Beispiel 1: mit Blick zur Hauptwindrichtung ist zunächst eine Weide, dann in rund 100 m Entfernung zum Grundstück ein Wald mit 20 m hohen Bäumen. Der Standort ist nicht geeignet, denn die Distanz zwischen Windanlage und Wald müsste nach der Daumenregel 400 m betragen (20 x 20 = 400 m).

Beispiel 2: in 350 m Entfernung zum Grundstück sind Gebäude mit einer Höhe von rund 15 m. Nach der Daumenregel müsste die Distanz mindestens 300 m betragen. Der Standort hat gute Voraussetzungen.

Beispiel 3: mit Blick zur Hauptwindrichtung sind in rund 70 m Entfernung Büsche mit einer Höhe von rund 5 m. Die Entfernung müsste eigentlich 100 m betragen (5 x 20 = 100). Doch die Büsche liegen tiefer, der geplante Aufstellungsort der Windanlage befindet sich in einer etwas höheren Lage als die Hindernisse. Ein Grenzfall.

Das folgende Foto wurde an einem Siedlungsrand aufgenommen. Man blickt zur Hauptwindrichtung. An dieser Stelle profitiert ein Windrad von der vollen Kraft des Windes, da dieser durch keine Hindernisse aufgehalten wird.

Abbildung 32: Freier Blick zur Hauptwindrichtung ohne Hindernisse

Wer auf eine Sichtprüfung vor Ort verzichtet und nur eine Online-Karte wie Google Maps nimmt, sollte aufpassen. Die Daten aus Google Maps können mehrere Jahre alt sein und nicht das aktuelle Bild vermitteln. Wer sich ohne eine Begehung vor Ort einen Eindruck verschaffen will, sollte mindestens ein Foto haben, das vom Aufstellungsort aus zur Hauptwindrichtung aufgenommen wurde.

Das folgende Foto zeigt drei vertikale Windanlagen in einem Turmgerüst mitten im Wohngebiet. Ein sehr schlechter Standort, umgebende Häuser blocken den Wind.

Abbildung 33: Vertikalanlagen im windschwachen Wohngebiet

Wie geht man mit dem Ergebnis der Sichtprüfung um? An einem nicht geeigneten Standort muss man das Kleinwindkraft-Projekt offensichtlich begraben. Das ist eine Enttäuschung, aber viel weniger frustrierend als die Installation einer Kleinwindkraftanlage an einer windschwachen Stelle. Bei Grenzfällen kann man eine der weiteren Methoden der Standortanalyse anwenden: Windmessung, Kurzgutachten oder den Online-Dienst mywindturbine.com. Das gilt auch für geeignete

Standorte, sofern man genauere Daten für die Projektkalkulation benötigt.

4.5.2 Windmessung

Nur mit einer Windmessung vor Ort wird man exakte Daten zum Windangebot erhalten. Nur dann kann man die Stromerträge und damit die Wirtschaftlichkeit einer Kleinwindkraftanlage berechnen. Je mehr Geld man für eine Kleinwindanlage ausgibt, desto eher wird man vorab eine Windmessung durchführen.

Ein privater Hausbesitzer, für den das Kleinwindrad ein Hobby ist, wird nach positiver Sichtprüfung vielleicht auf eine Windmessung verzichten. Nach dem Motto: ich probiere es mal, mir geht es um den Spaß an der Sache, weniger um ein möglichst ertragsstarkes Mini-Kraftwerk. Ein Gewerbebetrieb mit hohem Stromverbrauch will dagegen mit einer Kleinwindanlage in der Regel seine Stromkosten senken. Wirtschaftlichkeit des Projekts hat höchste Priorität. Dann kann man die Investition vorab mit einer Windmessung prüfen.

Dauer der Windmessung

Wer sich für eine Windmessung entscheidet, sollte keine Zeit verlieren. Je mehr Winddaten aufgezeichnet werden, desto besser. Optimal ist ein Messzeitraum von 12 Monaten, da dann das gesamte saisonale Windangebot eines Standorts erfasst wird. Nicht jeder wird diese Geduld aufbringen und möchte schneller Winddaten als Entscheidungsgrundlage haben. Die Messung sollte mindestens 4 bis 6 Monate dauern, vor allem die windstarken Monate im Herbst und Winter sollten abgedeckt sein.

Aufzeichnung der Winddaten

Im Kapitel zu den Grundlagen der Windenergie wurden die wichtigsten Winddaten beschrieben: Windgeschwindigkeit (Kap. 4.2.1) und Windrichtung (Kap. 4.2.2). Entscheidend ist die Messung der Windgeschwindigkeit. Auf eine Messung der Windrichtung kann durchaus verzichtet werden, da die Hauptwindrichtung eines Standorts über den

Global Wind Atlas in Erfahrung gebracht werden kann (Kap. 4.3.1). Prinzipiell reicht somit ein Windmessgerät aus, das nur einen Windgeschwindigkeitsmesser (Anemometer) umfasst.

Die vom Anemometer erfassten Windgeschwindigkeitswerte werden vom Datenlogger aufgezeichnet und in der Regel zu 1-Minuten oder 10-Minuten-Mittelwerten zusammengefasst. Weitere Daten wie Minimalwerte und Maximalwerte sowie die Standardabweichung (Windturbulenzen) werden je nach Messgerät ebenfalls gespeichert. Jedem Wert wird der Messzeitpunkt zugeordnet.

Es ist ratsam die Winddaten regelmäßig zu sichern, am besten wöchentlich. Es kann immer vorkommen, dass ein Defekt am Gerät oder ein Batterieausfall zu Datenverlusten führt. Die Auslesung der Daten wird in der Regel per Hand durchgeführt, durch Entnahme der SD-Karte oder per Datentransfer auf einen USB-Stick.

Abbildung 34: Windmessgeräte auf einem Hausdach

Höhe und Positionierung der Messmasten

Die Messung findet am geplanten Aufstellungsort der Kleinwindkraft-anlage statt. An einer Stelle, die aus Hauptwindrichtung eine freie Anströmung des Windes erfährt.

Das Windmessgerät wird auf einem Mast befestigt. Gängige Höhen von Windmessmasten im Kleinwindkraft-Bereich liegen bei 10 und 15 m. In der Regel erfolgt zur Stabilisierung eine Abspannung mit Seilen.

Die Winddaten sind am aussagekräftigsten, wenn die Windmessung in der Höhe des Rotors stattfindet. Eine gewerbliche Kleinwindkraftanlage hat aber oft eine Rotorhöhe über 20 m. Man kann die Messung trotzdem auf einem handelsüblichen 10 oder 15 m hohen Masten durchführen und die Winddaten später hochrechnen. Ausgehend von der gemessenen Windgeschwindigkeit in z. B. 10 m Höhe wird eine Berechnung durch-geführt, wie stark der Wind in 20 oder 30 m Höhe ist. In der Regel bieten die Hersteller der Messgeräte solche Analysemöglichkeiten in Form einer kleinen Software, Online-Tool oder Excel-Datei an.

Kosten einer Windmessung

Eine Windmessung für eine Kleinwindanlage kann man selbst durchführen, das ist die günstigste Variante. Es gibt speziell für die Kleinwindkraft-Branche entwickelte Windmessgeräte (siehe nächstes Kapitel).

Windmessgeräte können gekauft und gemietet werden. Ein komplettes Windmess-System bestehend aus Windsensor, Datenlogger und Mast bekommt man ab rund 750 Euro. Die dreimonatige Miete eines Komplettsystems mit Windsensoren und 10 m Mast kostet rund 350 Euro.

Eine Windmessung und Auswertung der Winddaten kann auch durch externe Dienstleister erfolgen. Das wird aufgrund der Kosten nur für gewerbliche Kleinwindkraftanlagen mit höherer Leistung sinnvoll sein. Die Kosten werden vom Einzelfall (Messzeitraum, Messhöhe, Analyse der Winddaten etc.) abhängig sein, man sollte ab rund 2.000 Euro einkalkulieren. Ansprechpartner sind Ingenieurbüros für Windenergie und Windgutachter. Eine Liste akkreditierter Windgutachter findet man auf der Seite der FGW Fördergesellschaft Windenergie: wind-fgw.de/themen/windgutachter/

Manche Anbieter von Kleinwindkraftanlagen bieten Windmessungen als Serviceleistung an. In der Regel erfolgt bei Kauf einer Windanlage eine Verrechnung. Deutet das Messergebnis auf einen schlechten Standort hin, wird nur die Windmessung gezahlt.

4.5.3 Windmessgeräte und Anbieter

Windmessgeräte für Kleinwindkraftanlagen müssen gewisse Anforderungen erfüllen, damit die Messkampagnen Aussicht auf Erfolg haben. Die Qualität des Anemometers zur Messung der Windgeschwindigkeit muss ausreichend sein. Die Speicherkapazität des Datenloggers muss für eine mehrmonatige Messkampagne ausgelegt sein. Ferner muss das Messequipment bezahlbar sein.

Windmess-Systeme für Kleinwindanlagen bilden eine eigene Produktnische. Die Geräte sind einfach zu bedienen und bieten Möglichkeiten der Winddaten-Analyse. Die Nutzerfreundlichkeit des Systems ist wichtig, da auch Personen ohne Vorkenntnis eine Windmessung durchführen können müssen.

Die günstige Wetterstation für 100 Euro aus dem Elektronik-Shop ist keine gute Lösung, da die Qualität der Anemometer die Ansprüche nicht erfüllen kann. Schon leichte Abweichungen der Messdaten von nur 0,5 m/s werden zu einem stark verfälschten Endergebnis führen. Das ist vor allem dann problematisch, wenn die Messdaten besser sind als die realen Windverhältnisse. Die Berechnung zur Wirtschaftlichkeit wird viel zu optimistisch ausfallen, denn die realen Stromerträge der Kleinwindanlage werden deutlich niedriger ausfallen als erwartet. Besser ein hochwertiges Messgeräte kaufen.

Abbildung 35: Günstige Wetterstationen sind nicht geeignet

Windmess-Systeme für Kleinwindkraftanlagen umfassen diverse Komponenten. Kernbestandteile sind der Anemometer, der Datenlogger und ein Mast ab 10 m Höhe. Eine Windfahne für die Messung der Windrichtung ist optional.

1. Anemometer (Windgeschwindigkeit) inkl. Kabel
2. Windfahne (Windrichtungsmesser) inkl. Kabel
3. Datenlogger inkl. Kabel
4. Speichermedium (z. B. SD-Karte)
5. Mast inkl. Abspannseile
6. Winddatenanalyse: Excel-Datei, Software oder Online-Dienst

Vorteilhaft ist der Kauf eines Komplettsystems inklusive Mast, bei dem alle Komponenten aufeinander abgestimmt sind. Das wird nicht zuletzt die Installation des Systems erleichtern. Für die Installation eines

Systems sind in der Regel zwei Personen notwendig, vor allem was die Aufstellung des Masten angeht.

Abbildung 36: Anemometer (links) und Windfahne (rechts)

Foto: Inensus GmbH

Im Folgenden werden empfehlenswerte Anbieter von Windmessgeräten für Kleinwindkraftanlagen vorgestellt.

Inensus

Die Inensus GmbH aus Goslar bietet Windmess-Systeme für Kleinwindanlagen zum Kauf und zur Miete an. Die Systeme werden mit hochwertigen Komponenten ausgestattet, die Anemometer werden beispielsweise vom deutschen Hersteller Thies Clima bezogen. Es werden schlüsselfertige Gesamtsysteme angeboten, mit denen man sofort loslegen kann.

Die Komplettsysteme werden wahlweise mit einem 10 m oder 15 m hohen Masten ausgeliefert. Das 15-Meter-System wird standardmäßig mit zwei Anemometern angeboten, so dass eine Messung in zwei unterschiedlichen Höhen erfolgt. Durch die Messung in zwei Höhen können exaktere Höhenprofile der Windgeschwindigkeit ermittelt werden.

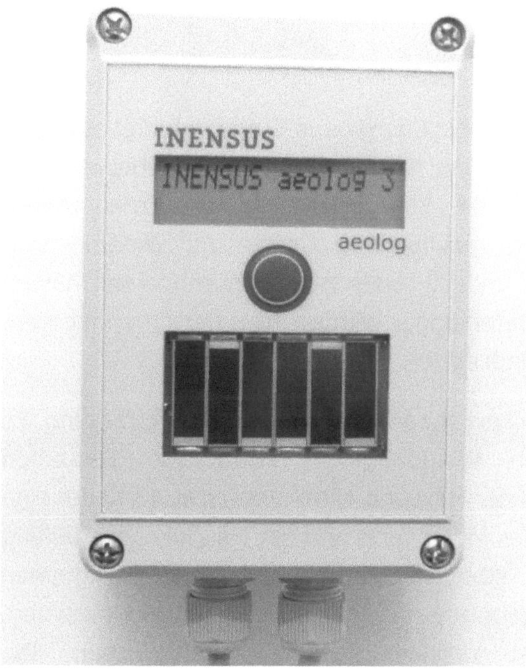

Abbildung 37: Datenlogger mit Display

Foto: Inensus GmbH

Der Datenlogger umfasst ein Display zur Anzeige von Messergebnissen vor Ort. Die Aufzeichnung der Daten erfolgt auf einer SD-Karte. Man kann wahlweise die Aufzeichnung von Mittelwerten von 5 Sekunden bis 15 Minuten wählen. Die Stromversorgung des Datenloggers wird über integrierte Solarzellen und Akkus realisiert.

Für die Auswertung der Daten wird eine Excel-Datei bereitgestellt, der Import der Datensätze sollte mit grundlegenden Excel-Kenntnissen zu bewerkstelligen sein. Optional bietet Inensus eine kostenpflichtige Analyse der Winddaten an.

www.inensus-shop.com
www.inensus.com

Logic Energy

Das schottische Unternehmen Logic Energy aus Glasgow bietet seit rund 15 Jahren diverse Lösungen für die Messung und Echtzeitüberwachung von Umweltdaten, als auch die Standortanalyse von Erneuerbaren Energien an. Dazu gehören verschiedene Geräte zur Windmessung bestehend aus Datenlogger und ein oder zwei Windsensoren. Masten werden nicht geliefert. Als Datenlogger werden zwei Geräte angeboten, der WindTracker und der WindLogger.

Das Besondere am WindTracker ist das Konzept der Datenerfassung. Es werden keine historischen Winddaten in Form von Zeitreihen aufgezeichnet, die man nach der Messung extra auswertet. Es findet eine permanente Aufzeichnung des Mittelwerts und der Häufigkeitsverteilung der Windgeschwindigkeit statt. Prinzipiell ist das vollkommen ausreichend, denn diese Ergebnisse sind ja das Ziel einer Windmessung. Der WindTracker umfasst deshalb keinen Datenspeicher. Die Datenübertragung erfolgt über eine SD-Karte, die man zunächst in das Gerät steckt und danach auf einen PC überträgt. Die Daten werden zu einem kostenfreien Analysedienst von Logic Energy hochgeladen, der die Ergebnisse auch grafisch präsentiert.

Der WindLogger dagegen verfolgt das übliche Verfahren der Aufzeichnung von Datenreihen. Der Logger beinhaltet vier Sensoreingänge, so dass z. B. zwei Anemometer und ein Temperatursensor angeschlossen werden können. Die Aufzeichnung findet auf einer microSD-Karte im CSV-Format statt und kann recht einfach mit einer bereitgestellten Excel-Datei analysiert werden. Für die

Datenanalyse wird zusätzlich eine kleine Winddaten-Software mitgeliefert.

de.windlogger.eu
www.logicenergy.com

4.5.4 Professionelles Gutachten

Wer ein schnelles Ergebnis zum Windpotenzial seines Standorts wünscht, kann ein Gutachten bei einem Ingenieurbüro für Windenergie in Auftrag geben. Dabei handelt es sich um ein mit professioneller Windenergie-Software erstelltes Ferngutachten ohne Besichtigung des Standorts.

Die einfache Variante umfasst die Ermittlung der Windverhältnisse in Form der Häufigkeitsverteilung (Weibullwerte) und der mittleren Jahreswindgeschwindigkeit. Bezugspunkt ist die voraussichtliche Nabenhöhe (Rotormitte) der Kleinwindanlage, beispielsweise in 10 oder 30 m Höhe.

Eine zweite Variante beinhaltet zusätzlich die Ertragsprognose für eine konkrete Kleinwindkraftanlage. Das sollte ein Anlage mit unabhängig vermessener Leistungskurve sein. Denn nur wenn die Leistungskurve korrekt ist, werden die ermittelten jährlichen Stromerträge stimmen.

Grundlage für die Berechnungen ist zum einen ein Geländemodell d.h. ein 3D-Abbild des geplanten Standorts der Kleinwindanlage. Das beinhaltet das Relief als auch die Landnutzung sowie einzelne Hindernisse in Form von Gebäuden oder Bäumen. Zum anderen werden professionelle Winddaten hinzugezogen, beispielsweise von Wetter-stationen in der Nähe.

Nun können die Strömungsverhältnisse simuliert werden. Als Ergebnis wird ein Schätzwert für das Windpotenzial in verschiedenen Höhen ermittelt. Das hilft für die Auswahl einer passenden Masthöhe der Windanlage. Wenn der Wind in 20 m zu schwach ist, könnte ein 30 m hoher Mast fallweise zu deutlich besseren Windbedingungen in Rotor-höhe führen.

Man darf allerdings nicht vergessen, dass es sich um Schätzwerte und keine konkreten Messwerte wie bei einer Windmessung handelt. Praktikabel kann die Kombination der beiden Verfahren sein: mit einem Kurzgutachten lotet man das ungefähre Windpotenzial aus. Sollte das weit unter den Erwartungen liegen, kann man das Kleinwindkraft-Projekt fallen lassen. Sehen die Werte gut aus, kann man mit einer mehrmonatigen Windmessung das konkrete Windpotenzial in Erfahrung bringen.

Ingenieurbüros findet man auf der Seite der FGW Fördergesellschaft Windenergie: wind-fgw.de/themen/windgutachter/

4.5.5 mywindturbine.com

Wer vor der Installation einer Kleinwindanlage den Standort mit professioneller Software selbst prüfen möchte, kann den Online-Dienst myWindturbine.com nutzen.

Das im Jahr 2016 vorgestellte Tool ist ein Gemeinschaftsprojekt der DTU Technical University of Denmark und dem dänischen Unternehmen EMD International A/S. EMD ist weltweit führend bei Softwarelösungen für die Planung von Windparks.

Funktionsumfang und Analysemöglichkeit gehen weit über eine kostenfreie Windkarte wie den Global Wind Atlas hinaus. Neben Winddaten in Höhen von 10 oder 25 m werden auch die Landnutzung (Wälder, Gebäude) und das Relief dargestellt. Falls die Karten mal für einen Standort ungenau oder nicht auf aktuellem Stand sein sollten, kann man selbst Hindernisse einzeichnen. Dann wird neu berechnet, wie die Windströmung durch diese Hindernis beeinflusst wird.

Für konkrete Kleinwindkraftanlagen werden auf Basis der Leistungskurven nicht nur die Stromerträge ermittelt, sondern auch Wirtschaftlichkeitsberechnungen durchgeführt.

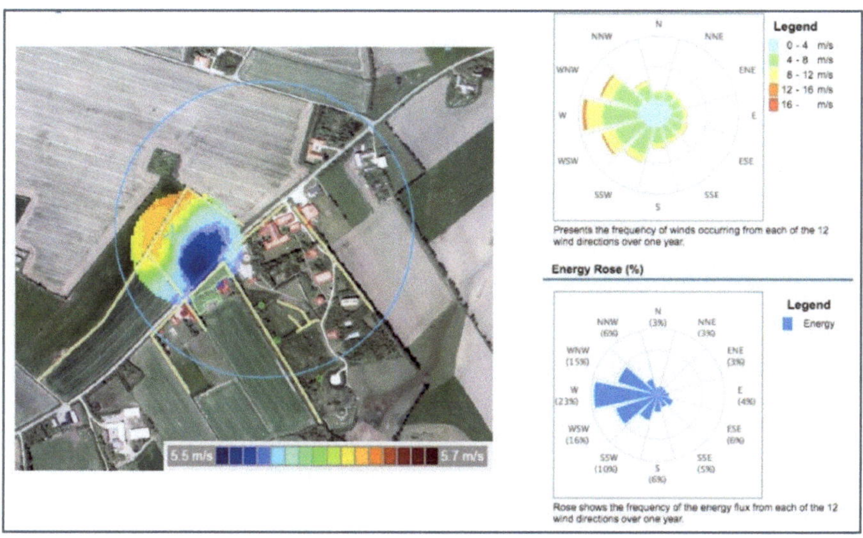

Abbildung 38: Auszug aus einem Report von mywindturbine.com

Quelle: Grafik: Vortrag von Davide Conti (DTU) auf dem internationalen Kleinwind-Kongress in Wien, Sep 2016.

Mit 59 Euro (inklusive Mehrwertsteuer) für eine Einzelanalyse ist der Preis sehr fair, wenn man die umfangreichen Funktionen in Betracht zieht. Für Mehrfachnutzer gibt es günstige Paketangebote.

Wie für die Kurzgutachten gilt: die Ergebnisse sind berechnete Schätzwerte und keine gemessenen Winddaten. Je komplexer das Terrain eines Kleinwind-Standorts, desto größer die Wahrscheinlichkeit von Abweichungen zu den realen Windverhältnissen. Für innerstädtische Standorte und alpine Regionen sollte das Tool mit Vorsicht verwendet werden.

5 TECHNIK

Das vorangehende Kapitel über Windenergie hat gezeigt, welche enorme Kraft der Wind entwickeln kann. Das ist eine große Herausforderung für Ingenieure. Ein großer Respekt gebührt allen Entwicklern, die effiziente Windgeneratoren mit hoher technischer Verfügbarkeit auf den Markt gebracht haben.

5.1 Bauformen

Keine Anlagentechnik der Erneuerbaren Energien zeigt eine so große Vielfalt unterschiedlicher Typen und technischer Konzepte, wie die Kleinwindkraft. Man ist immer wieder überrascht, welche neuen Ideen sich Entwickler weltweit ausdenken, um Windenergie in Strom umzuwandeln. Die hohe Zahl unterschiedlicher Kleinwind-Typen und Hersteller ist typisch für eine junge Branche, in der noch keine Marktbereinigung stattgefunden hat. Bei diesem Angebot unterschiedlicher Bauformen stellt sich die Frage: Was ist Stand der Technik, was hat sich bewährt?

Der Rotor ist das entscheidende Bauteil, da er für die Energieumwandlung zuständig ist. Wirkungsgrad und Stromerträge einer Windanlage hängen primär vom Rotor ab, weniger vom Generator.

Lage der Rotorachse

Das Aussehen des Rotors wird maßgeblich von der Lage der Rotorachse gekennzeichnet. Die Rotorachse kann horizontal oder vertikal zur Erdoberfläche liegen.

Die häufig verwendeten Bezeichnungen horizontale Windkraftanlage und vertikale Windkraftanlage beziehen sich somit auf die Drehachse des Rotors. Alle Großwindkraftanlagen haben aus gutem Grund eine horizontale Rotorachse, da dies dem Stand der Technik entspricht. In der folgenden Abbildung sind die Rotorachsen mit einem dunklen Strich dargestellt.

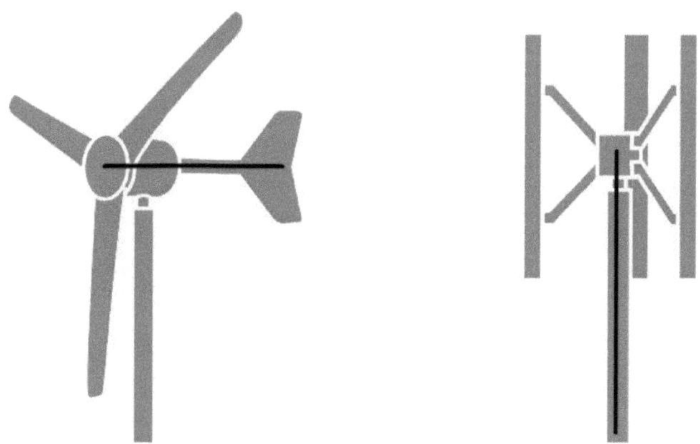

Abbildung 39: Horizontale und vertikale Rotorachse

Grafik: Holger Hartz. Modifiziert durch Patrick Jüttemann.

Auftriebsläufer versus Widerstandsläufer

Die Rotoren moderner Windkraftanlagen mit hohen Wirkungsgraden sind Auftriebsläufer. An den schräg stehenden Flügeln der Windanlage wirken senkrecht zur Anströmung des Windes Auftriebskräfte, die durch Druckunterschiede an der Ober- und Unterseite der Rotorblätter entstehen. Auftriebsläufer sind durch eine hohe Schnelllaufzahl gekennzeichnet, die wiederum den Wirkungsgrad der Windanlage beeinflusst. Die Schnelllaufzahl gibt das Verhältnis zwischen Umfangsgeschwindigkeit des Rotors und der Windgeschwindigkeit vor dem Rotor an. Auftriebsläufer haben eine Schnelllaufzahl größer als 1, die Umfangsgeschwindigkeit des Rotors kann ein Vielfaches höher sein als die herrschende Windgeschwindigkeit. Der theoretische Wirkungsgrad (Leistungsbeiwert) von Rotoren nach dem Auftriebsprinzip kann maximal bei 59 % liegen. Kennzeichen von Auftriebsläufern sind die schmalen Rotorblätter, ähnlich der Tragflächen von Flugzeugen.

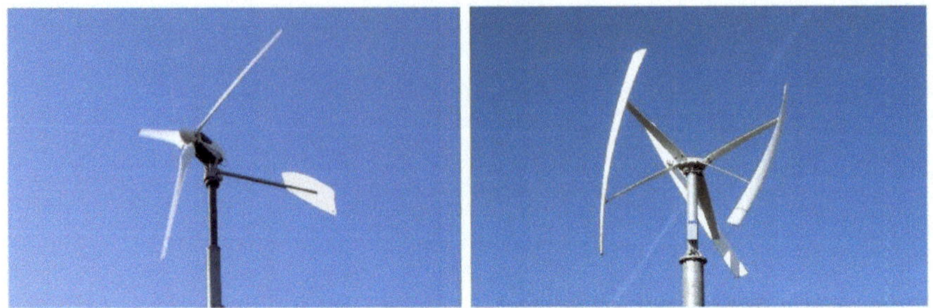

Abbildung 40: Zwei moderne Kleinwindanlagen als Auftriebsläufer

Rotoren als Widerstandläufer werden vom Wind angeschoben. Der Rotor kann nicht schneller als die vorherrschende Windgeschwindigkeit drehen. Kennzeichen von Widerstandsläufern sind die großflächigen Rotoren.

Abbildung 41: Widerstandsläufer mit vertikaler Rotorachse

5.1.1 Vertikale Kleinwindkraftanlagen

Das Aussehen vertikaler Windanlagen fasziniert viele Menschen, da es so anders ist als herkömmliche Windanlagen, wie man sie von Windparks kennt. Das futuristisch und neuartig anmutende Design täuscht darüber hinweg, dass die ersten durch Menschen konstruierten Windanlagen eine vertikale Drehachse hatten. Die sogenannte persische Windmühle reicht zurück bis ins 7. Jahrhundert. Dabei handelt es sich um einen einfachen Widerstandläufer.

Moderne vertikale Windanlagen basierend auf dem Auftriebsprinzip haben geringere Wirkungsgrade als moderne horizontale Windturbinen. Die Wirkungsgrade liegen rund 25 % niedriger. Der Grund dafür sind unterschiedliche aerodynamische Bedingungen. Der grundlegende aerodynamische Nachteil vertikaler Windanlagen: Eine Hälfte der Rotorfläche bewegt sich gegen den Wind. Eine Hälfte des Rotors wird vom Wind angetrieben, die andere Hälfte führt die Gegenbewegung aus. Bei einem Rotor mit horizontaler Achse herrscht dagegen ein homogener aerodynamischer Antrieb. Die Rotorfläche wird gleich-mäßiger belastet.

Die Bewegung des Rotors gegen den Wind führt zum einen zu einer Begrenzung der Drehzahl. Zum anderen entstehen ausgeprägte Schwingungen und Resonanzen. Das Anlagendesign wird dadurch komplizierter, da man extra Vorkehrungen treffen muss, die Schwingungen zu reduzieren. Aufgrund der Schwingungen können nur mit Aufwand höhere Masten verwendet werden. Aber bei Kleinwindanlagen ist es an vielen Standorten im Binnenland notwendig, Masten ab rund 20 m Höhe zu verwenden, um in den starken Wind zu kommen.

Abbildung 42: Vertikales Windrad auf einer Messe in Husum

Als vermeintlicher Vorteil vertikaler Windanlagen wird von Anbietern die fehlende Windnachführung erwähnt. Der Rotor hat an allen Seiten Blätter und muss nicht extra in den Wind gedreht werden. Er kann von allen Seiten Wind aufnehmen. Bei horizontalen Windanlagen dagegen muss sich der Rotor zum Wind ausrichten. Doch in der Summe ist es ein erheblicher Nachteil vertikaler Windanlagen, dass sie immer dem Wind ausgesetzt sind. Man kann den Rotor nicht aus dem Wind herausdrehen. Entscheidendes Merkmal der Windenergie ist die extreme Kraft bei Sturm. Man muss eine Windanlage vor zu starkem Wind schützen können mit einem reibungslosen Konzept der Sturmsicherung und Leistungsregulierung. Eine horizontale Windanlage kann man graduell aus dem Wind herausdrehen und hat damit eine einfache und effektive Form der Leistungsregulierung.

Video-Tipp

In Zusammenarbeit mit führenden Kleinwindkraft-Experten habe ich ein Video über Vorteile und Nachteile vertikaler Kleinwindanlagen erstellt.
Video: https://youtu.be/nGvk1_xlFeE
Kanal: https://www.youtube.com/kleinwindkraft

Ein Vorteil vertikaler Kleinwindkraftanlagen kann der geringere Schall sein. Mehrfach wurde von Experten darauf hingewiesen, dass Vertikalläufer leiser sind als horizontale Kleinwindräder. Allerdings sollte man immer den Einzelfall betrachten. Zum einen gibt es auch leise horizontale Kleinwindanlagen, zum anderen haben Testergebnisse gezeigt, dass Vertikalanlagen lauter sein können als solche mit horizontaler Rotorachse.

Ein weiterer Vorteil von Vertikalanlagen ist die bessere Performanz bei schräg anströmendem Wind an Dachkanten. Wohlwissend, dass Dächer als Standorte generell mit Vorsicht zu genießen sind (siehe Kap. 4.4).

Abbildung 43: Vertikale Kleinwindkraftanlage auf Bürogebäude

Manche vermeintlich positive Eigenschaften von Vertikalachsanlagen basieren auf Wunschdenken. Dazu gehört die Annahme, dass Windanlagen mit vertikaler Achse weniger gefährlich für Vögel und Fledermäuse sind. Generell gibt es keine Anhaltspunkte der Forschung, dass Kleinwindkraftanlagen eine besondere Gefahr für Flugtiere darstellen. Es gibt auch keinen wissenschaftlichen Beleg dafür, dass Vertikalachsanlagen in Bezug auf den Naturschutz Vorteile aufweisen.

5.1.2 Horizontale Kleinwindkraftanlagen

Die typische Bauform von Großwindkraftanlagen prägt durch deren Präsenz im Landschaftsbild das Aussehen einer modernen Windkraftanlage: Auftriebsläufer mit horizontaler Rotorachse, drei Rotorblättern und ein gegen den Wind gerichteten Rotor (Luvläufer).

Abbildung 44: Kleinwindkraftanlage mit horizontaler Rotorachse

Die Menschheit beschäftigt sich seit Jahrhunderten mit der Konstruktion von Windkraftanlagen. Es wurden die verschiedensten Konzepte entwickelt und erprobt. Seit den siebziger Jahren des letzten

Jahrhunderts erleben Forschung und Entwicklung von Windkraftanlagen einen Boom unter Einsatz erheblicher finanzieller Mittel. Ergebnis dieser Bemühungen: Stand der Technik sind Windanlagen mit horizontaler Rotorachse. Wenn man Windstrom zu möglichst geringen Kosten mit einer zuverlässigen und markterprobten Technik erzeugen will, dann kommt man an horizontalen Windanlagen nicht vorbei.

Unter den horizontalen Kleinwindanlagen gibt es unterschiedliche Konstruktionstypen. Das betrifft unter anderem die Anzahl der Rotorblätter.

Anzahl Rotorblätter

Die meisten Kleinwindanlagen haben drei Rotorblätter. Auch Windturbinen mit zwei oder vier Flügeln sind recht weit verbreitet. Vor allem bei sehr kleinen Windrädern der 100-Watt-Klasse gibt es Modelle mit fünf oder sechs Rotorblättern.

Die Anzahl der Flügel hat keine nennenswerte Auswirkung auf die Effizienz. Nicht die physische Oberfläche der einzelnen Rotorblätter beeinflusst die Leistungsfähigkeit, sondern die durch den drehenden Rotor abgedeckte Kreisfläche (umstrichene Rotorfläche).

Abbildung 45: Kleinwindanlage mit vier Rotorblättern
Foto: EasyWind GmbH

Je weniger Flügel, desto schneller bewegt sich der Rotor. Je höher die Umdrehungsgeschwindigkeit, desto lauter ist die Windanlage. Die durch den Rotor entstehenden Geräusche hängen aber auch von der Rotorblattgeometrie ab. Beispielsweise werden für Segelschiffe Miniwindräder mit besonders leisen „Flüsterflügeln" angeboten. In der Praxis gibt es erprobte und effiziente Kleinwindkraftanlagen mit unterschiedlicher Blattzahl.

Luvläufer und Leeläufer

Mit Luv bezeichnet man die dem Wind zugekehrte, mit Lee die dem Wind abgewandte Seite. Bei Luvläufern befindet sich der Rotor in Bezug zur Windrichtung vor dem Mast. Das trifft bei allen Großwindkraftanlagen zu, die mit einer aktiven elektronischen Steuerung in den Wind gedreht werden. Bei Kleinwindanlagen mit einer Leistung unterhalb 10 Kilowatt kommen für die Windnachführung in der Regel Windfahnen zum Einsatz. Windfahnen sind passive Systeme, die ohne aktiv-elektronische Stellmechanismen funktionieren. Sie befinden sich auf der entgegengesetzten Seite des Rotors. Windfahnen sind so konstruiert, dass sie den Rotor in den Wind drehen und bei zu starkem Wind den Rotor wegknicken lassen. Der Rotor wird absichtlich aus dem Wind gedreht, um ihn vor zu starker Belastung zu schützen.

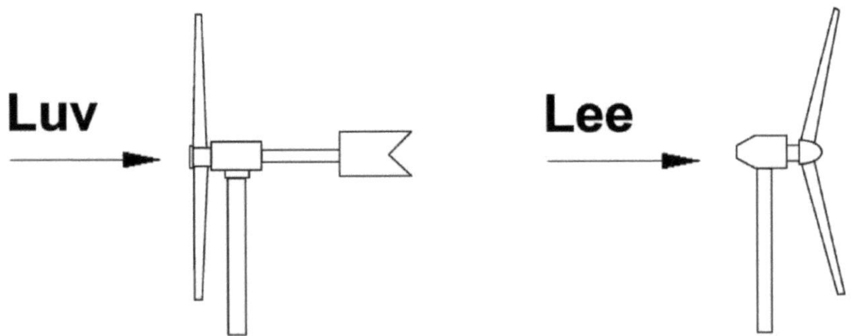

Abbildung 46: Luvläufer und Leeläufer

Bei Leeläufern wird der Rotor vom Wind automatisch hinter den Mast gedreht. Der Wind strömt von hinten über die Gondel bzw. das Maschinenhaus und trifft dann auf den Rotor. Leeläufer benötigen keine Windfahne zur Nachführung.

5.1.3 Praxis-Vergleich der Bauformen

Aufschlussreich ist vor allem, was horizontale und vertikale Kleinwind-kraftanlagen in der Praxis leisten. Während es für Horizontalläufer zahlreiche unabhängige Testergebnisse gibt, sind solche objektiven Informationen zu Vertikalwindanlagen Mangelware. Während man für horizontale Kleinwindkraftanlagen im Internet diverse durch unabhängige Prüfinstitute vermessene Leistungskurven runterladen kann, wird das für Vertikalläufer schwierig. Ein klares Zeichen dafür, dass Windanlagen mit vertikaler Rotorachse eine Randerscheinung im Markt sind.

Eine Ausnahme ist die Stand Oktober 2020 in den USA zertifizierte vertikale Kleinwindanlage DS3000 des taiwanesischen Herstellers Hi-VAWT. Vertikalwindanlagen können also die aufwendigen Tests inklusive Dauerbelastungstest erfolgreich bestehen. Die spannende Frage: Wie schlägt sich diese Vertikalwindanlage gegenüber einer vergleichbaren horizontalen Kleinwindanlage? Beim Vergleich zweier Windanlagen sollte man Anlagen mit ähnlich großem Rotor wählen. Ein Glücksfall, dass mit der Skystream in den USA eine horizontale Kleinwindanlage mit fast gleicher Rotorfläche zertifiziert ist.

Wie man auf dem folgenden Foto erkennen kann, verfügt die Vertikalwindanlage DS-3000 über zwei Rotoren. Außen liegt ein Darrieus-Rotor, welcher der für die Stromerzeugung primäre Rotor ist. Der innen liegende Savonius-Rotor ist für das Anlaufen der Anlage da, sorgt also für den ersten Schub, damit die Windanlage anfängt zu drehen.

DS-3000   Skystream

Abbildung 47: Zwei in den USA zertifizierte Kleinwindanlagen

Fotos: Hi-VAWT (links). XZERES (rechts)

Wie die folgende Tabelle zeigt, ist die Rotorfläche der Skystream nur 2,8 % größer als die der DS-3000. Doch die Leistung der horizontalen Windanlage ist 50 % höher, die jährlichen Stromerträge liegen 39 % darüber. Sogar beim Schall kann die Skystream punkten.

	Vertikalanlage	**Horizontalanlage**	
Rotorfläche:	10,6 m²	10,9 m²	+ 2,8 %
Nennleistung (bei 11 m/s):	1,4 kW	2,1 kW	+ 50 %
Jährlicher Stromertrag (bei 5 m/s):	2.460 kWh	3.420 kWh	+ 39 %
Schallpegel:	42,3 db(A)	41,2 db(A)	- 1,1 dB

Abbildung 48: Praxis-Vergleich horizontale und vertikale Windanlage

Zwangsläufig stellt sich die Frage nach dem Preis der beiden Anlagen. Beide Windanlagen werden Stand Oktober 2020 nicht in Deutschland angeboten. Auf Basis der US-Preise ist die Vertikalwindanlage nicht günstiger als eine vergleichbare horizontale Kleinwindanlage. Alles in allem zeigt dieser Vergleich exemplarisch, warum horizontale Kleinwindkraftanlagen den Markt dominieren.

5.2 Leistung, Rotorfläche und Stromertrag

Die Verwendung der Anlagenleistung in Kilowatt ist für die Klassifizierung von Kraftwerkstechnologien üblich. Deshalb wird diese auch bei Windanlagen häufig verwendet, obwohl es bei Windkrafttechnik ein ungenauer Parameter ist. Aussagekräftiger ist die Rotorgröße. Eine Einteilung von Kleinwindkraftanlagen anhand der Nennleistung gibt die folgende Tabelle wieder.

Leistung	Nutzung	Spannung	Typische Anwendung
bis 1,5 kW	Inselsystem mit Batterie	12, 24, 48 Volt DC	Camping, Gartenanlagen, Segelschiffe, Notrufsäulen, netzferne Mess-Stationen.
	Gebäude-integriert	230 Volt AC	
1,5 bis 5 kW	Freie Aufstellung	230 Volt AC	Private Nutzung. Einfamilienhäuser. Kleine gewerbliche oder landwirtschaftliche Betriebe.
5 bis 30 kW	Gewerbegebiete, Landwirtschaft	400 Volt AC	Außerhalb Wohngebieten, landwirtschaftlicher Bereich, Nebenanlage von Gewerbebetrieb
30 bis 100 kW	Gewerbegebiete, Landwirtschaft	20 Kilovolt AC	Wie oben, höhere Anforderungen für Genehmigung und Anschluss an Mittelspannung-Netz

Abbildung 49: Einteilung von Kleinwindanlagen nach Nennleistung

Quelle: In Anlehnung an „Qualitätssicherung im Sektor der Kleinwindenergieanlagen", BWE Bundesverband Windenergie

Zwei Windkraftanlagen mit gleicher Nennleistung können am selben Standort sehr unterschiedliche Jahreserträge aufweisen. In der folgenden Tabelle werden Daten von drei horizontalen Kleinwindkraftanlagen dargestellt, die nach Herstellerangabe eine Nennleistung von 10 Kilowatt haben. Die angegebenen Jahreserträge gelten für eine mittlere Jahreswindgeschwindigkeit von 4 m/s. Während der Jahresertrag von Windturbine A rund 7.000 kWh beträgt, kommt Windturbine C auf eine Stromproduktion von fast 14.000 kWh. Offensichtlich ist die Größe des Rotors entscheidend für die Ertragskraft einer Windanlage, nicht die Leistung des Generators.

	Windrad A	Windrad B	Windrad C
Nennleistung	10 kW	10 kW	10 kW
Jahresertrag (bei 4 m/s)	7.150 kWh	9.050 kWh	13.800 kWh
Rotor-Durchmesser	7,0 m	7,5 m	9,7 m
Rotorfläche	38,50 m^2	44,18 m^2	73,90 m^2

Abbildung 50: Jahreserträge von Windanlagen mit 10 kW Leistung

So wie die Modulfläche einer Solarstromanlage für die Ernte der Solarstrahlung zur Verfügung steht, fungiert die vom drehenden Rotor gebildete Kreisfläche als Erntefläche des Windes. Bei einer Photovoltaikanlage stehen Fläche und Leistung in einem linearen Verhältnis zueinander, da jede einzelne Solarzelle ein Minikraftwerk mit einer bestimmten Leistung ist. Bei Windkraftanlagen sind der Rotor als Energieerntefläche und der Generator mit einer spezifischen Leistung zwei unterschiedliche Komponenten.

Schon eine geringe Vergrößerung des Rotors bei gleichem Generator kann eine beträchtliche Auswirkung auf die Ertragskraft der Windanlage haben. Die Größenunterschiede der Rotoren werden dem Betrachter womöglich gar nicht auffallen. Vergleicht man in der Tabelle oben die Windturbinen A und B: Ein nur 50 cm größerer Rotordurchmesser führt zu einem jährlichen Mehrertrag von 1.900 kWh.

Ein Trend bei der Entwicklung kleiner und großer Windanlagen ist die Verwendung größerer Rotoren. Vor allem an windschwachen Standorten im Binnenland ist die Verwendung langer Rotorblätter der wichtigste Hebel, um die Jahreserträge auf ein höheres Niveau zu heben. Einige Hersteller von Kleinwindanlagen bieten für die gleiche Windanlage unterschiedliche Rotorgrößen an. Der kleine Rotor kommt an Starkwind-Standorten zum Einsatz, der größere Rotor an Standorten mit schwachen Windbedingungen.

Die folgende Grafik stellt verschiedene Rotordurchmesser im Vergleich dar. Der Rotor mit einem Durchmesser von 16 m entspricht dem Maximum einer Kleinwindkraftanlage auf Basis der Norm IEC 61400-2. Die Norm setzt eine maximale umstrichene Rotorfläche von 200 m^2 fest, was rund 16 m Durchmesser entspricht.

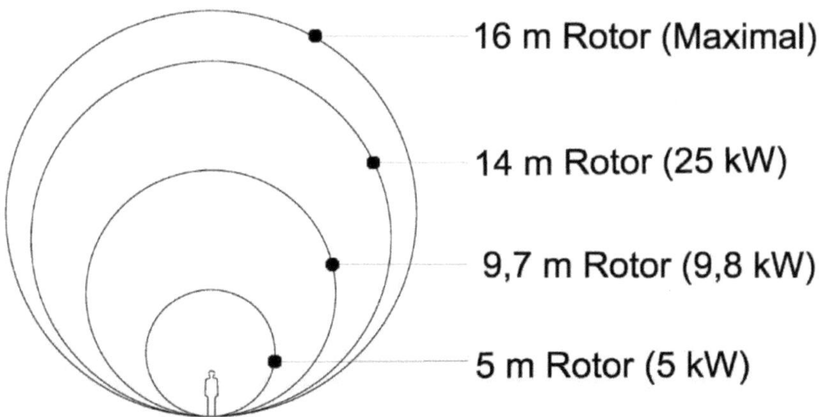

Abbildung 51: Rotordurchmesser im Vergleich

Die anderen in der Grafik illustrierten Rotoren entsprechen konkreten, auf dem Markt angebotenen Kleinwindkraftanlagen. Der Rotor mit einem Durchmesser von 9,7 m ist für die Leistung von rund 10 kW vergleichsweise groß. Es werden auch 10 kW Turbinen mit 7 m Rotor angeboten.

Leistungskurve

Effizienz, Leistungsfähigkeit und Ertragsstärke einer Windkraftanlage werden durch die Leistungskurve dargestellt. Diese zeigt an, bei welcher Windgeschwindigkeit welche Leistung von der Windanlage bereitgestellt wird. Eine Leistungsangabe einer Windkraftanlage macht nur bei gleichzeitiger Nennung der Windgeschwindigkeit Sinn. Es macht einen gewaltigen Unterschied, ob die Nennleistung einer Windanlage schon bei 9 m/s Wind oder erst bei 12 m/s erreicht wird.

Die Leistungskurve ist aussagekräftig, wenn sie auf freiem Feld d. h. unter natürlichen Windbedingungen gemessen wurde. In einem Windkanal gemessene Werte spiegeln künstliche Windbedingungen wider.

Drei Schwellenwerte sind für das Leistungsverhalten einer Windanlage von besonderer Bedeutung:

- Einschalt- bzw. Anlaufgeschwindigkeit
- Nenngeschwindigkeit
- Ausschaltgeschwindigkeit

Einschalt- bzw. Anlaufgeschwindigkeit:

Erst ab einer gewissen Windgeschwindigkeit wird sich der Rotor in Bewegung setzen. Die meisten Kleinwindkraftanlagen laufen bei einer Windgeschwindigkeit zwischen 2 und 4 m/s an. Manche Anbieter heben die besonders niedrige Anlaufwindgeschwindigkeit ihrer Windturbinen hervor. Diese Eigenschaft ist allerdings für die Leistungsfähigkeit unwichtig. Bei niedrigen Windgeschwindigkeiten ist die Windleistung so gering, dass kein oder sehr wenig Strom produziert wird.

Nenngeschwindigkeit:

Erst bei der Nenngeschwindigkeit wird die Nennleistung, d. h. die auf Dauer wirkende Höchstleistung des Generators, erreicht. Bei den meisten Kleinwindkraftanlagen wird die Nennleistung erst ab einer Windgeschwindigkeit über 10 m/s erreicht. Ein Blick auf die Windverteilung eines typischen Kleinwind-Standorts zeigt, dass Windgeschwindigkeiten ab 10 m/s nur an wenigen Stunden eines Jahres anfallen. Faktisch läuft die Kleinwindkraftanlage übers Jahr gesehen nur sehr selten auf Volllast. Das liegt in der Natur der Sache und ist kein Nachteil, da dies dem natürlichen Windangebot entspricht. Der Wind kostet nichts. Eine zentrale Aufgabe der Entwicklungsingenieure von Windanlagen besteht darin, die Teillast optimal zu nutzen. Das geschieht durch eine intelligente Anlagenregulierung.

Ausschaltgeschwindigkeit:

Wenn der Wind während eines Sturms zu stark wird, schaltet die Windanlage bei einer bestimmten Windgeschwindigkeit ab. Sie wird vor Zerstörung geschützt.

In der folgenden Grafik wird die fiktive Leistungskurve einer Kleinwindanlage mit 10 kW Nennleistung dargestellt.

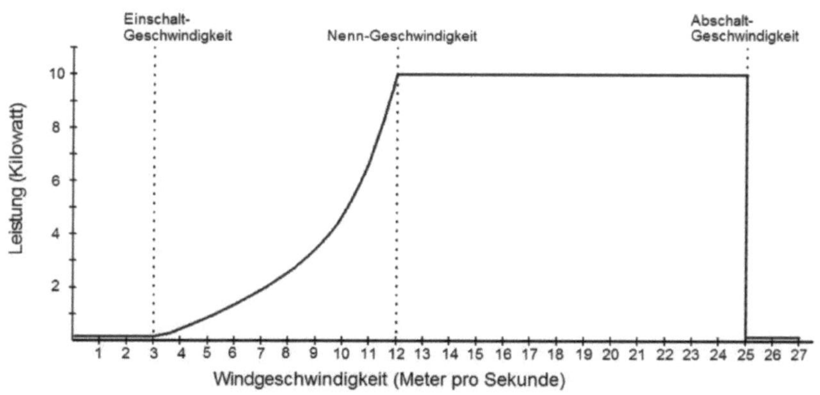

Abbildung 52: Leistungskurve einer 10 kW Windanlage

Die Einschaltgeschwindigkeit liegt bei 3 m/s. Bei einer Windgeschwindigkeit von 12 m/s wird die Nennleistung erreicht. Bei einem Wind von 25 m/s ist die Belastung durch den Wind zu groß, die Windturbine wird abgeschaltet.

Berechnung der Stromerträge

Das exakte Verfahren zur Berechnung der Stromerträge basiert auf der Verknüpfung von Leistungskurve und Windverteilungskurve. Die Leistungskurve zeigt an, wie hoch die Leistung (Kilowatt) bei einer gegebenen Windgeschwindigkeit ist. Die Windverteilungskurve zeigt die Dauer (Stunden) an, die ein Windgeschwindigkeitswert in einem Zeitraum angefallen ist. Wenn pro Windgeschwindigkeitswert Kilowatt (kW) und Stundenzahl (h) bekannt sind, dann können mit einfacher Multiplikation die Kilowattstunden (kWh) berechnet werden.

Ein Beispiel: Eine Kleinwindkraftanlage hat bei einer Windgeschwindigkeit von 8 m/s eine Leistung von 1.273 Watt d. h. rund 1,3 Kilowatt. Das ist das Resultat der Vermessung der Leistungskurve. Eine Windmessung am geplanten Aufstellungsort über 12 Monate hat ergeben, dass eine Windgeschwindigkeit von 8 m/s an 192,6 Stunden des Jahres erreicht wurde. Der Jahresstromertrag in dieser Windgeschwindigkeitsklasse beträgt 254,1 kWh: Die Leistung wird mit dem Stundenwert multipliziert. So werden für jede Windgeschwindigkeitsklasse die Stromerträge ermittelt. Alle Ertragswerte werden am Ende für die Ermittlung des Gesamtertrags summiert.

Die nächste Tabelle macht die Zusammenhänge deutlich. Sie umfasst die Berechnung des Jahresertrages einer Kleinwindkraftanlage mit einer Nennleistung von 3,5 kW (bei 11,5 m/s Wind) und einem Rotordurchmesser von 4,1 m. Die mittlere Jahreswindgeschwindigkeit am Standort beträgt 4,2 m/s. Der Jahresertrag summiert sich auf 3.154 Kilowattstunden. Die erste und zweite Spalte der Tabelle geben die Werte der Windverteilung wieder. Insgesamt liegen Winddaten von 8.726 Stunden vor d. h. für fast exakt ein Jahr. Die Leistungskurve wird durch die erste und dritte Spalte dargestellt. In der vierten Spalte erscheint der Stromertrag in Kilowattstunden: Die zweite und dritte Spalte wurden dazu multipliziert.

Wind (m/s)	Stunden pro Jahr	Leistung (Watt)	Ertrag (kWh)
0,0	0,0	0	0,0
0,5	271,9	0	0,0
1,0	453,3	0	0,0
1,5	587,1	0	0,0
2,0	678,1	0	0,0
2,5	729,7	0	0,0
3,0	746,2	14	10,3
3,5	733,0	41	29,9
4,0	696,2	95	66,5
4,5	642,1	184	118,4
5,0	577,0	283	163,1
5,5	506,1	412	208,4
6,0	434,2	553	240,3
6,5	364,8	709	258,6
7,0	300,4	874	262,6
7,5	242,7	1.044	253,4
8,0	192,6	1.273	245,1
8,5	150,1	1.513	227,2
9,0	115,0	1.815	208,8
9,5	86,7	2.130	184,7
10,0	64,3	2.486	159,8
10,5	46,9	2.840	133,3
11,0	33,7	3.202	108,0
11,5	23,9	3.499	83,5
12,0	16,6	3.688	61,3
12,5	11,4	3.782	43,2
13,0	7,7	3.869	29,9
13,5	5,2	3.925	20,3
14,0	3,4	3.959	13,4
14,5	2,2	4.004	8,8
15,0	1,4	4.047	5,7

Wind (m/s)	Stunden pro Jahr	Leistung (Watt)	Ertrag (kWh)
15,5	0,9	4.082	3,6
16,0	0,6	4.109	2,3
16,5	0,3	4.134	1,4
17,0	0,2	4.165	0,9
17,5	0,1	4.196	0,5
18,0	0,1	4.201	0,3
18,5	0,0	4.216	0,2
19,0	0,0	4.219	0,1
19,5	0,0	4.223	0,1
20,0	0,0	4.222	0,0
	8.726 h		3.154 kWh

Abbildung 53: Ermittlung von Leistung und Jahresertrag

Wirkungsgrad

Der theoretisch maximale Wirkungsgrad des Rotors einer Windkraftanlage liegt bei 59 %. Ein guter Wert für den Gesamtwirkungsgrad einer Kleinwindkraftanlage liegt knapp über 30 %. Neben den Energieverlusten des Rotors, fallen weitere Verluste im Generator, Getriebe (falls vorhanden) und im Wechselrichter an.

Der Wirkungsgrad (Leistungsbeiwert Cp) wird berechnet, indem die
a) Genutzte Leistung der Windanlage, durch die
b) theoretisch maximale Leistung
geteilt wird.

Cp = Leistung Windrad / Theoretische maximale Windleistung

Für die Planung und Auswahl einer Kleinwindanlage, als auch für Ertragsberechnungen, ist der Wirkungsgrad wenig hilfreich. Es ist aber ein anschaulicher Wert, um die Seriosität von Herstellerangaben zu überprüfen.

Grundlage für die Berechnung ist die im Windenergie-Kapitel erwähnte Gleichung zur Kalkulation der Windleistung:

$$P = v^3 \times A \times \frac{D}{2}$$

Ein Beispiel aus der Praxis:

Der Hersteller einer Kleinwindanlage gibt an, dass die Windanlage mit einem Rotordurchmesser von 1,1 m bei einer Windgeschwindigkeit von 12,5 m/s eine Leistung von 1 kW bereitstellt. Die Daten im Überblick:

Nennleistung:	1 Kilowatt
Rotordurchmesser:	1,1 Meter
Rotorfläche A:	0,95 m²
Windgeschwindigkeit v:	12,5 m/s
Luftdichte D:	1,225 kg/m³

Gibt man die Werte in die Gleichung ein ergibt sich eine Windleistung von 1,13 kW.

Die Windleistung P ist der theoretische Maximalwert. Der Wirkungsgrad Cp wird berechnet, indem die vom Hersteller mitgeteilte Leistung durch den theoretischen Maximalwert geteilt wird.

Cp = 1 / 1,13 = 0,88

Der Wirkungsgrad würde somit 88 % betragen. Eine Augenwischerei, da ein Wirkungsgrad über 59 % physikalisch nicht möglich ist. Leider sind solche unseriösen Herstellerangaben kein Einzelfall, wie im Kapitel 9.4 erläutert wird.

5.3 Anlagentechnik

Eine Kleinwindkraftanlage als möglichst effizientes und zuverlässiges Kraftwerk folgt dem Stand der Technik: Ein Windgenerator als Auftriebsläufer mit horizontaler Rotorachse. Innerhalb dieser Bauform gibt es diverse Konzepte und Philosophien des Anlagendesigns, wobei jedes Konzept seine Vorteile und Nachteile hat.

Vergleicht man die Prospekte und Datenblätter verschiedener Kleinwindräder ist man als Laie schnell verunsichert. Welche ist denn nun die beste Anlage? Die beste Kleinwindkraftanlage für alle Zwecke und Standorte gibt es nicht. Als Käufer sollte man sich mit den grundlegenden technischen Eigenschaften von Kleinwindkraftanlagen vertraut machen. Dann kann man sich zu den verschiedenen technischen Konzepten selbst ein Urteil bilden und Verkaufsargumente hinterfragen.

Bei der Konstruktion einer Windanlage verfolgen die Ingenieure verschiedene Ziele:

- Hohe Stromerträge
- Geringe Herstellungskosten
- Hohe Sicherheit auch bei Sturm
- Geringe Schallausbreitung
- Hohe technische Verfügbarkeit etc.

Bei der Entwicklung der Anlagentechnik muss man Kompromisse eingehen, da es Konflikte bei der Erreichung der Ziele gibt. Bei einem Auto ist es ähnlich: Wer ein schnelles Auto mit starker Beschleunigung und niedrigem Verbrauch will, wird nicht alles gleichzeitig realisieren können. Der starke Motor wird einen höheren Verbrauch verursachen als ein schwach motorisierter Wagen.

Rotorgröße und Generatorleistung

Die Jahreserträge einer Windanlage hängen vor allem von der Größe des Rotors ab. Warum gibt es dann bei Kleinwindkraftanlagen gleicher Leistung so große Unterschiede bei den Rotordurchmessern? Warum wählt nicht jeder Hersteller einen besonders großen Rotor? Aus gutem Grund, denn die Verwendung großer Rotoren in Relation zur Generatorleistung ist nicht nur mit Vorteilen verbunden. Da die auf den Rotor wirkende Windleistung mit zunehmender Windgeschwindigkeit überproportional ansteigt, wächst auch die mechanische Belastung der Windanlage. Für die Ertragskraft der Windanlage ist es vorteilhaft, wenn die Nennleistung schon bei einer geringen Windgeschwindigkeit erreicht wird. Aber was passiert bei stärkerem Wind? Der Generator hat seine maximale Dauerleistung erreicht. Wenn der Wind stärker wird, muss die überschüssige Kraft gezähmt werden. Dann greift die Leistungsregulierung der Windanlage. Rotorgröße und Leistungsregulierung sind gezielt aufeinander abgestimmte Bestandteile der Anlagentechnik. Jeder Windkraftingenieur verfolgt dabei eine bestimmte Philosophie, jedes Konzept hat Vor- und Nachteile. Es wäre zu kurz gedacht, nur auf die Jahresstromerträge zu schauen.

5.3.1 Leistungsregulierung und Sturmsicherung

Durch die Leistungsregulierung findet eine Abstimmung zwischen Rotorleistung und Generatorleistung statt. Ziele sind die Ertragsmaximierung und der Schutz der Windanlage bei Sturm. Für Leistungsregulierung und Sturmsicherung gibt es aerodynamische, elektrische und mechanische Lösungen.

Stall-Regelung der Rotorblätter

Prinzipiell kann man zwischen festen und beweglichen Rotorblättern unterscheiden. Feste Rotorblätter können nicht gedreht werden, sie sind fest mit der Nabe verbunden. Bei einer Stall-Regelung sind die Flügel so geformt, dass ein aerodynamischer Effekt bei hoher Windgeschwindigkeit einsetzt. Am Rotorblatt entstehen

Strömungsverhältnisse, die die Rotordrehzahl begrenzen. Man spricht auch vom Strömungsabriss. Ohne Stall-Regelung würde die Drehzahl des Rotors mit wachsender Windgeschwindigkeit bis zur Zerstörung der Anlage immer weiter steigen. Der Strömungsabriss hat eine bremsende Wirkung bei starkem Wind.

Rotorblattverstellung (Pitch-Regelung)

Bei beweglichen Rotorblättern kann der Winkel der Flügel und damit die Windangriffsfläche verändert werden. Standard bei Großwindkraftanlagen ist die individuelle und aktive Verstellung jedes einzelnen Blattes. Jeder Flügel hat einen eigenen Elektromotor, der das Blatt optimal in den Wind dreht. Bei Kleinwindkraftanlagen kommen aktive und passive Systeme für die Rotorblattverstellung zum Einsatz. Im Gegensatz zur aktiven, elektrisch gesteuerten Verstellung, wird bei passiven Systemen die Blattverstellung durch den Winddruck und Zentrifugalkräfte realisiert. Wird der Wind zu stark, drehen die Flügel nach hinten, die Angriffsfläche für den Wind verkleinert sich.

Mit einer Rotorblattverstellung kann eine genauere Anlagenregulierung realisiert werden als mit Stall-Regelung. Aktive Pitch-Systeme sind wiederum genauer als passive Systeme. Kleinwindanlagen mit großem Rotordurchmesser umfassen in der Regel eine Rotorblattverstellung, um die hohe auf den Flügeln wirkende Windlast beherrschen zu können. Der Nachteil: Die verstellbaren Flügel stellen mechanisch bewegbare Komponenten dar, die von einem Ausfall betroffen sein können. Feste, mit der Nabe verbundene Flügel sind die robustere Bauweise.

Drehen und Kippen des Rotors

Um die Windangriffsfläche bei starkem Wind zur verringern, werden horizontale Kleinwindkraftanlagen entweder zur Seite gedreht oder nach oben gekippt. Kippvorrichtungen funktionieren in der Regel mechanisch über eine Feder. Ist die Windanlage bei Starkwind komplett nach hinten gekippt, ist die sogenannte Helikopterstellung erreicht (siehe Foto unten). Das seitliche Rausdrehen funktioniert entweder über ein passives System oder bei größeren Kleinwindanlagen über einen aktiven elektrischen Stellmotor.

Abbildung 54: Helikopterstellung zur Leistungsregulierung

Foto: Braun Windturbinen GmbH

Bremssysteme

Nach den DIBt-Regeln für Windenergieanlagen müssen Kleinwindkraftanlagen mindestens zwei Bremssysteme haben. Das können aerodynamische, mechanische oder elektrische Systeme sein. Es muss gewährleistet sein, dass der Rotor jederzeit in den Stillstand oder Leerlauf gebracht werden kann, auch bei Netzausfall. Sturmsicherung und Bremssysteme müssen aktiv betätigt werden können, damit die Anlage jederzeit zum Stillstand kommen kann. Als Schutzmaßnahme bei einem Sturm und für Wartungsarbeiten.

Das Abbremsen der Windanlage kann durch einen Generatorkurzschluss erfolgen. Auch mechanische Bremsen kommen zum Einsatz, die den Rotor im Notfall komplett stoppen können. Aerodynamisch bewirktes Drehen des Rotors umfasst ebenfalls eine Bremswirkung.

Je nach Konzept der Anlagentechnik und Größe der Windanlage kommen unterschiedliche Bremssysteme zum Einsatz. Eine Windanlage mit Stallregelung wird in der Regel stärkere Bremsen haben, als eine Anlage mit aktiver Rotorblattverstellung.

5.3.2 Konzepte im Vergleich

Alleine in Deutschland werden über 300 verschiedene Kleinwindradmodelle angeboten. Auch in derselben Leistungsklasse gibt es große Unterschiede bei den Konzepten der Anlagentechnik. Den Interessenten bringt es in der Regel nicht weiter, sich in technische Details zu verlieren. Ganz im Gegenteil, es kann von den wesentlichen Eigenschaften einer Kleinwindkraftanlage ablenken.

Man muss nicht im Detail wissen, wie der Antriebsstrang eines Windgenerators funktioniert, wichtig ist das Ergebnis: Gesamtkosten der Anlage im Verhältnis zu den Jahresstromerträgen, als auch die technische Verfügbarkeit. Angaben des Herstellers sollten durch unabhängige Prüfinstitute und Testfeldergebnisse verifiziert sein. Das technische Anlagenkonzept kann noch so innovativ klingen, es muss nachprüfbare Hinweise für dessen Marktreife geben.

Will man ein wenig Ordnung in das Sammelsurium der Kleinwindkraft-Technik bringen, ist eine einfache Charakterisierung in Form zweier grundlegender Philosophien hilfreich. Zwischen diesen Konzepten gibt es Abstufungen und Mischformen.

Konzept A: Robuste Windanlage mit kleinem Rotor

Der Entwickler der Windanlage hat einen kleinen Rotor im Verhältnis zur Generatorleistung gewählt. Die Windanlage soll möglichst wenig bewegliche Teile haben, die im Laufe von 20 Jahren Betriebszeit in Mitleidenschaft gezogen werden könnten. Die Rotorblätter können nicht verstellt werden, die aerodynamische Leistungsregulierung basiert auf einer Stall-Regelung.

Insgesamt steht eine einfache und passive Leistungsregulierung im Vordergrund. Der Hersteller setzt auf eine robuste Bauweise. Deshalb sind die Gesamtkosten der Windanlage (Investition und Wartung) eher niedrig, die Stromerträge aufgrund des kleineren Rotors aber vergleichsweise gering.

Abbildung 55: Einfaches und robustes Hobby-Windrad

Konzept B: Ertragsstarke Windanlage mit aufwendiger Leistungsregulierung

Die Philosophie dieser Anlagentechnik beruht auf einer Maximierung der Jahresstromerträge. Schlüssel dafür ist ein großer Rotordurchmesser im Verhältnis zur Generatorleistung. Die Nennleistung der Anlage wird schon bei vergleichsweise niedriger Windgeschwindigkeit erreicht.

Aufgrund des großen Rotors ist die Belastung der Windturbine bei starkem Wind sehr groß. Nur eine ausgefeilte und aktive Leistungsregulierung kann diese Kraft des Windes beherrschen. Kernelement ist dabei die Rotorblattverstellung. Die aufwendige Anlagentechnik hat ihren Preis. Die höheren Kosten werden durch hohe Jahresstromerträge belohnt.

Dieser Vergleich zweier grundlegender Konzepte ist sehr einfach gehalten und soll vor allem zeigen, dass jeder Windanlagenkonstruktion eine Philosophie mit Vor- und Nachteilen zugrunde liegt.

5.4 Test und Zertifizierung

Tests von Kleinwindkraftanlagen sind als objektiver Qualitätsnachweis für den Käufer von großer Bedeutung. In Deutschland können Kleinwindkraftanlagen ohne eine spezielle Zulassung verkauft werden, die die Qualität und Effizienz der Anlagentechnik belegt. In der Praxis werden technisch mangelhafte Kleinwindanlagen angeboten.

Vor allem bei Windkraftanlagen ist es aufgrund der hohen mechanischen Belastung wichtig, die technische Qualität unter Beweis zu stellen, die wiederum die Lebensdauer der Anlage und die Instandhaltungskosten beeinflusst.

Der Test von Kleinwindkraftanlagen sollte drei Bedingungen erfüllen:

1. Durchführung auf freiem Feld unter natürlichen Windbedingungen
2. Realisierung durch unabhängige Person oder Organisation
3. Test der Sicherheitssysteme unter Sturmbedingungen

Der Betrieb des Windrads in der freien Natur ist wichtig, da die künstlichen Bedingungen im Windkanal Verhältnissen entsprechen, wie sie im Freien nicht vorkommen. Schon bei der Entwicklung einer Kleinwindkraftanlage sollte möglichst früh ein Prototyp unter natürlichen Windverhältnissen getestet werden.

Windturbinen sollten nicht nur auf freiem Feld, sondern auch am geplanten Einsatzort erprobt werden. Wenn ein Miniwindrad für Giebeldächer privater Haushalte vermarktet wird, dann muss die Anlagentechnik auf solchen Hausdächern getestet werden. Die Windbedingungen über den Dächern von Einfamilienhäusern im Wohngebiet unterscheiden sich signifikant von denen auf einem windstarken Testfeld.

Bei Stiftung Warentest und Ökotest als auch in diversen Fachzeitschriften wurden in der Vergangenheit Testergebnisse von Solaranlagen und anderen Technologien der Erneuerbaren Energien veröffentlicht. Kein Wunder, dass die Verlage bislang keine Tests von Kleinwindkraftanlagen durchgeführt bzw. beauftragt haben. Der zeitliche und finanzielle Aufwand wäre wohl zu groß.

Wenn Windturbinen den gleichen Testbedingungen unterliegen, oder auf dem gleichen Testfeld stehen, sind sie vergleichbar. Die Darstellung der Testergebnisse muss konsistent sein. Der Vergleich der Nennleistung einzelner Windturbinen macht beispielsweise nur bei derselben Windgeschwindigkeit Sinn.

Testinhalte

Es können diverse Eigenschaften einer Windanlage getestet werde. Besonders wichtig sind die Vermessung der Leistungskurve und die Sturmsicherheit. Ein Überblick zu üblichen Testinhalten:

1. Leistung (Leistungskurve)
2. Spitzenbelastung und Sturmerprobung
3. Dauerbelastung
4. Schall

Erst auf Basis der gemessenen Leistungskurve können die Jahresstromerträge der Windanlage exakt abgeleitet werden. Nach Aussage des Betreibers eines Kleinwind-Testfelds in Dänemark, besteht die erste Prüfung darin zu schauen, ob die Anlage sich nicht selbst zerstört. Damit ist die Frage verbunden: Funktionieren die Sicherheitssysteme bei einem Sturm, oder führt die Überdrehzahl des Rotors zur Zerstörung der Windanlage? Neben der Spitzenbelastung sollte auch die Dauerbelastung eines Windgenerators über mehrere Monate getestet werden. Kurz vor einem Sturm die Windanlage aufbauen und danach gleich wieder abbauen, macht wenig Sinn. Nicht zuletzt die Vermessung der Leistungskurve verlangt einen längeren Betrieb auf dem Testfeld.

Teststandorte und Betreiber

Im weitesten Sinne kann jede installierte Kleinwindkraftanlage als ein Test betrachtet werden. Manche Hersteller geben Interessenten die Adressen von Anlagenbetreibern, damit sich die potenziellen Neukunden die Windanlage im Livebetrieb anschauen können. Je mehr Anlagen einer Baureihe installiert wurden und erfolgreich laufen, desto mehr Standorte können präsentiert werden. Die Standorte von Kundenanlagen unterliegen allerdings nicht immer repräsentativen Testbedingungen. Das gilt vor allem für windschwache Lagen mit Windbarrieren in Hauptwindrichtung.

In den meisten Ländern gibt es Testfelder für Kleinwindkraftanlagen. Teilweise ist der Teststandort nur für kleine Windanlagen ausgelegt, andere Testfelder umfassen auch die Genehmigung zum Test von Multimegawattanlagen. Als Betreiber der Testfelder treten Prüfinstitute, Hochschulen und Forschungsreinrichtungen, Windanlagen-Hersteller, Energieversorger und ingenieurstechnische Dienstleister in Erscheinung.

Abbildung 56: Energieforschungspark - Testfeld in Österreich

Foto: ARGE Energieforschungspark Lichtenegg

Soll auf einem Testfeld eine offizielle Zertifizierung von Kleinwindanlagen stattfinden, so muss das Testfeld selbst nach IEC-Norm zertifiziert sein. Ein zertifizierter Teststandort muss diverse Anforderungen erfüllen. Das betrifft z. B. Merkmale des Reliefs und der Oberflächenbeschaffenheit, als auch die Distanz der Teststände untereinander. In Deutschland gehören zu den zertifizierten Teststandorten das Testfeld von Windtest Grevenbroich im Rheinland und das Testfeld in Kaiser-Wilhelm-Koog an der Elbemündung, welches von DNV GL betrieben wird.

Die Durchführung von Tests ist für die Hersteller von Kleinwindkraftanlagen mit hohen Kosten verbunden. Die Kleinwind-Branche benötigt schlanke und flexible Testmöglichkeiten, die zu validen Testergebnissen führen und bezahlbar sind. Projekte wie der Energieforschungspark in Österreich gehen in die richtige Richtung.

Energieforschungspark: Kleinwind-Testfeld in Österreich

Keimzelle des Kleinwind-Testfelds in Niederösterreich ist ein Forschungsprojekt, welches vom österreichischen Energieversorger EVN initiiert wurde. Ziel war die Untersuchung der Marktfähigkeit diverser Kleinwindkraft-Typen, in dem man sie im Livebetrieb testet und permanente Messungen durchführt. Der Teststandort liegt auf einem 800 m hohen Hügel in der Buckligen Welt, eine Region im Südosten von Niederösterreich. Die mittlere Jahreswindgeschwindigkeit liegt bei rund 5 m/s. Im Rahmen des Projekts wurden 13 Kleinwindkraftanlagen mit horizontaler und vertikaler Rotorachse mit einer Leistung zwischen 1,5 und 10 kW getestet. Ein weiteres Ziel war die Bekanntmachung der Kleinwind-Technologie, der Teststandort war öffentlich zugänglich und es werden Führungen angeboten.

Nach erfolgreichem Abschluss des Forschungsprojekts wurde das Testfeld in ein privates Geschäftsmodell überführt. Anbieter von Kleinwindanlagen können zwischen verschiedenen Servicepaketen für

Zertifizierung

Die Zertifizierung einer Kleinwindkraftanlage entspricht einem offiziellen Gütesiegel, welches auf Grundlage umfangreicher Tests auf anerkannten Testfeldern erstellt wurde. Wer seine Kleinwindanlagen unabhängig testen lässt und die Testergebnisse veröffentlicht, kann dies ohne Zertifizierung praktizieren. Die Zertifizierung ist eine besonders gründliche Prüfung, an der neben dem Anlagenhersteller ein akkreditiertes Prüfinstitut nach IEC 17025 und als weitere unabhängige Organisation ein Zertifizierer eingebunden sind. Die vom Prüfinstitut durchgeführten Messungen und ausgestellten Reports werden vom Zertifizierer gegengeprüft (Vier-Augen-Prinzip). Zertifizierungs-organisationen sind z. B. der TÜV Süd und DNV GL, zu den akkreditierten Instituten gehören Firmen wie Windtest Grevenbroich, Deutsche WindGuard und BBB Umwelttechnik.

Die Zertifizierung von Kleinwindkraftanlagen basiert auf der internationalen Norm IEC 61400-2. Nach dieser Norm habe kleine Windkraftanlagen eine umstrichene Rotorfläche kleiner als 200 m^2, was einem Rotordurchmesser von rund 16 m entspricht. Die Norm verlangt nicht nur die Erprobung und Vermessung auf dem Testfeld, sondern beispielsweise auch die Überprüfung des Produktionsprozesses beim Hersteller. Die Kleinwindkraft-Branche kritisiert seit Jahren, dass die Prüfverfahren überdimensioniert und nicht bezahlbar sind. Eine Zertifizierung kann 12 bis 28 Monate dauern. Nicht nur der zeitliche Umfang ist immens, sondern auch die Kosten. Für die Zertifizierung einer einzelnen Kleinwindkraftanlage fallen je nach Konstruktionstyp und Anlagengröße zwischen 100.000 und 300.000 Euro an.

Die Zertifizierung dient potenziellen Käufern einer Kleinwindanlage nicht nur als Qualitätsnachweis der Anlagentechnik, sondern ist auch im Rahmen der Erlangung einer Baugenehmigung hilfreich. Das Deutsche Institut für Bautechnik (DIBt) verweist in seinen Richtlinien für Windenergieanlagen in Bezug auf die Standsicherheitsnachweise für Turm und Gründung auf die DIN EN 61400-2.

In manchen Ländern wurden modifizierte Kleinwind-Zertifizierungen ins Leben gerufen, die sich an der IEC 61400-2 orientieren. Nationale Kleinwind-Gütesiegel gibt es z. B. in den USA, Großbritannien, Dänemark und Japan. Ein Ziel ist dabei die verbraucherfreundliche Darstellung der Testergebnisse, ohne dass der Interessent seitenlange Prüfdokumente durchlesen muss.

Die folgende Abbildung zeigt das Label nach dem US-Standard für Kleinwindanlagen SWCC, am Beispiel einer Windanlage der 10-kW-Klasse. Neben dem Namen von Hersteller und Modell wird zunächst die Jahresstromproduktion (Rated Annual Energy) bei einer mittleren Windgeschwindigkeit von 5 m/s dargestellt (13.800 kWh pro Jahr).

Abbildung 57: Label einer zertifizierten 10 kW Kleinwindanlage

Als nächstes folgt der Schallpegel (Rated Sound Level) in 60 m Entfernung vom Rotor, der bei 5 m/s mittlerer Windgeschwindigkeit in 95% der Zeit unterschritten wird (42,9 dB(A)). Schließlich wird die Leistung (Rated Power) in Kilowatt bei einer Windgeschwindigkeit von 11 m/s angezeigt (8,9 kW).

Warum gibt es kein Kleinwind-Gütesiegel in Deutschland, Österreich und der Schweiz? Eine Antwort ergibt sich durch ein entscheidendes Merkmal der Länder mit Kleinwind-Zertifikat: Dort findet eine Förderung von Kleinwindkraftanlagen statt. Das können beispielsweise wie in den USA Steuererleichterungen sein. Eine Förderung bekommt man nur für Windturbinen, die das länderspezifische Zertifikat vorweisen können. Das macht Sinn, da der Staat einen Anreizmechanismus für den Kauf von qualitativ hochwertigen Windanlagen setzt. Das Vertrauen der Verbraucher in die Kleinwind-Technologie kann nur gewahrt werden, wenn technisch fragwürdigen Windturbinen die Förderung verwehrt bleibt.

Für Interessenten aus Deutschland, Österreich und der Schweiz gilt: egal nach welchem nationalen Zertifizierungsstandard eine Windanlage zertifiziert ist, Grundlage ist immer die Norm IEC 61400-2. Damit ist die hohe Qualität der Kleinwindanlage belegt inklusive Dauerbelastungstest und Sturmsicherheit. Besonders hilfreich sind die Angaben zu den Jahresstromerträgen bei mittleren Windgeschwindigkeiten von 4 oder 5 m/s.

Für Länder ohne eigenen Kleinwind-Zertifizierungsstandard wie Deutschland gilt, dass die meisten inländischen Hersteller keine vollständige Zertifizierung ihrer Windturbinen durchgeführt haben. Schlichtweg weil es sehr teuer ist. Für den Verbraucher fällt es somit schwer, die Spreu vom Weizen zu trennen. Im Kapitel 9 zur Kaufberatung wird erläutert, wie man empfehlenswerte Windanlagen erkennen kann.

6 WIRTSCHAFTLICHKEIT

Rentiert sich eine Kleinwindanlage? Das hängt vor allem vom Windangebot des Aufstellungsorts der Anlage ab. Nur an windstarken Standorten ab ca. 5 m/s mittlerer Jahreswindgeschwindigkeit kann man mit einer Kleinwindkraftanlage günstig Strom erzeugen.

Private Betreiber müssen in der Regel von einer Amortisation länger als 20 Jahre ausgehen. Gewerbliche Betreiber mit einer Kleinwindanlage über 10 Kilowatt Leistung können an einem windstarken Standort durchaus effektiv Stromkosten sparen.

Für viele Eigenheimbesitzer lohnt sich die Kleinwindkraftanlage trotzdem, wie eine Umfrage der bayerischen Organisation C.A.R.M.E.N. ergeben hat. Die Wirtschaftlichkeit des Kleinwindrads haben nur ein Sechstel der privaten Anlagenbetreiber positiv bewertet. Aber 80 % der Befragten würden eine kleine Windanlage fürs Haus trotzdem weiterempfehlen. Weil andere Motive wie Umwelt- und Klimaschutz sowie eine hohe Selbstversorgung realisiert werden konnten.

6.1 Grundlagen

Die Wirtschaftlichkeit einer Kleinwindkraftanlage hängt davon ab, ob sie mit dem öffentlichen Stromnetz verbunden ist oder ob die Anlage Teil eines Inselsystems ohne Verbindung mit dem öffentlichen Netz ist.

Wirtschaftlichkeit im Inselbetrieb

Im Inselbetrieb ohne Anschluss an das öffentliche Netz wird die Wirtschaftlichkeit des Windrads mit den möglichen Alternativen der Stromversorgung verglichen.

Günstigste Option wird fast immer die Solarstromanlage sein, die in einem Inselsystem zwangsläufig an eine Batterie gekoppelt ist. Die Kleinwindanlage kommt hinzu, wenn es Jahreszeiten mit wenig Solarstrahlung gibt (Regenzeit mit Wolken oder dunkler Winter). In vielen Klimaregionen gewährleisten nur Hybridsysteme inklusive Solar- und Windanlage eine Versorgung übers ganze Jahr.

Grundlastfähige Alternative ist der Dieselgenerator. Die Kernfrage lautet: Wie hoch sind die Kosten des Stroms aus der Inselanlage im Vergleich zu den Stromkosten des Dieselgenerators? Dieselgeneratoren haben den Nachteil, dass nicht nur Kosten für den Treibstoff, sondern auch für den Transport des Kraftstoffs anfallen.

Pauschale Angaben zur Wirtschaftlichkeit sind nicht möglich, da es stark abhängig vom Standort ist. Je besser das Wind- und Solarpotential, desto günstiger die Kilowattstunde Strom. Wenn es aufwendig ist, den Diesel zu beschaffen und zu transportieren, steigert das wiederum die relative Wirtschaftlichkeit des Solar-Windkraft-Systems.

Wirtschaftlichkeit im Netzparallelbetrieb

Die meisten Kleinwindkraftanlagen in Mitteleuropa, die der Stromversorgung einzelner Gebäude dienen, haben eine Verbindung zum öffentlichen Stromnetz (Netzparallelbetrieb).

Die Netzverbindung hat zwei Konsequenzen:

1. Der Strom der Windanlage steht in Konkurrenz zum Strom des Energieversorgers. Eventuell kann der Strom günstiger beim Stadtwerk bezogen werden.

2. In manchen Ländern wird die Einspeisung von Strom aus Kleinwindanlagen mit einem festen Tarifs vergütet. Der Besitzer der Windanlage generiert dadurch Einnahmen.

Bei der Wirtschaftlichkeit von Kleinwindkraftanlagen im Netzparallel- betrieb spielen somit drei Parameter eine wichtige Rolle:

1. Produktionskosten des Windstroms (Stromgestehungskosten): Die Kosten einer Kilowattstunde Strom erzeugt durch die Windturbine.

2. Individueller Strompreis: Preis der Kilowattstunde Strom des Energieversorgers.

3. Einspeisetarif: Preis für die Kilowattstunde Strom, die der Betreiber für die Einspeisung des Windstroms ins öffentliche Netz erhält.

Wirtschaftlichkeit ist dann gegeben, wenn der Ertrag den Aufwand überwiegt. Der Aufwand bemisst sich durch die Kosten des durch die Windanlage erzeugten Strom (Stromgestehungskosten in Cent pro kWh). Der Ertrag entsteht zum einen durch den Eigenverbrauch d.h. den vermiedenen Strombezug durch das öffentliche Netz auf Basis des individuellen Strompreises. Zum anderen durch die Einspeisung ins öffentliche und die Vergütung nach dem Einspeisetarif.

Primäres Geschäftsmodell: Eigenverbrauch

In der Praxis ist in Deutschland schon immer der Eigenverbrauch das primäre Geschäftsmodell für den Betrieb einer Kleinwindkraftanlage. Denn der Eigenverbrauch ist ein Vielfaches lukrativer als die Einspeisung. Es gab nie einen fairen Einspeisetarif für kleine Windanlagen wie es viele Jahre für Photovoltaikanlagen der Fall war. In Deutschland beträgt der Preis für Haushaltsstrom rund 30 Cent pro kWh. Für die Einspeisung bekommt man im Jahr 2020 nur 7,4 Cent pro kWh. Fazit: lieber den Strom selbst verbrauchen und 30 Cent sparen, als nur 7,4 Cent für die Einspeisung erhalten.

Eine Kleinwindanlage kann dann wirtschaftlich sein, wenn die Stromgestehungskosten niedriger sind als der individuelle Strompreis. Dann kann man sich günstiger selbst mit Strom versorgen, als ihn teuer einzukaufen. Wenn ein Gewerbebetrieb einen Strompreis von 20 Cent pro kWh hat, mit der Windanlage aber Strom für 15 Cent pro kWh erzeugen kann, dann spart er pro Kilowattstunde selbstverbrauchten Windstrom 5 Cent.

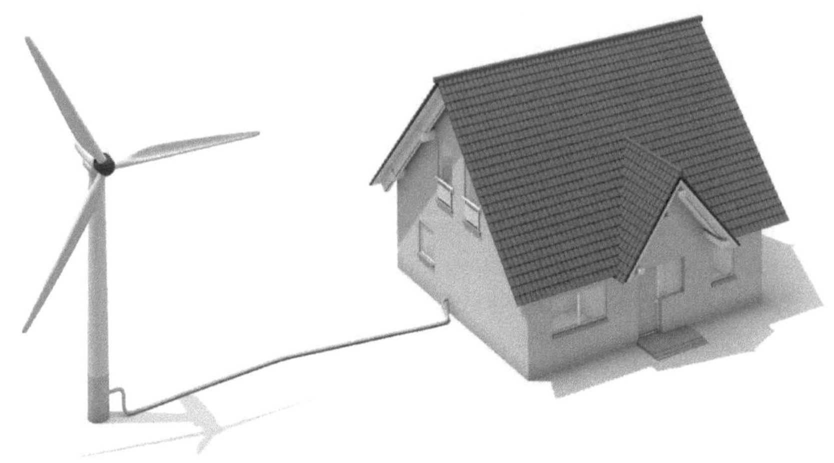

Abbildung 58: Geschäftsmodell Eigenverbrauch

Grafik: © fischer-cg.de / Fotolia.com

Wenn der wirtschaftliche Betrieb des Ökokraftwerks nur über den Eigenverbrauch realisiert werden kann, ergibt sich ein wichtiger Erfolgsfaktor: Der Strombedarf des Betreibers. Nur wenn man den Strom der Kleinwindkraftanlage selbst verwerten kann, kann das „Geschäftsmodell Eigenverbrauch" zur Wirtschaftlichkeit führen.

Strompreisentwicklung

Werden Kleinwindkraftanlagen als Eigenverbrauchsanlagen betrieben, spielt der Strompreis eine entscheidende Rolle. Je mehr Geld man pro Energieeinheit an den Versorger zahlt, desto attraktiver wird die Eigenerzeugung mittels Kleinwindkraftanlage.

Bei der Kalkulation der Wirtschaftlichkeit einer Kleinwindanlage wird die Strompreissteigerung oft vergessen. Das verfälscht die Ergebnisse zu Ungunsten der eigenen Windanlage.

In der folgenden Abbildung wird die Steigerung der Strompreise für Haushalte bis zum Jahr 2020 dargestellt. Seit 2014 sind die Strompreise recht konstant, davor hat es eine kontinuierlich starke Steigerung gegeben. Zwischen 1998 und 2014 ist der Strompreis für Haushalte pro Jahr durchschnittlich um 3,4 % pro Jahr gestiegen. Wie die Entwicklung in der Zukunft aussieht ist ungewiss. Realistisch ist eine moderate Steigerung zwischen einem und zwei Prozent.

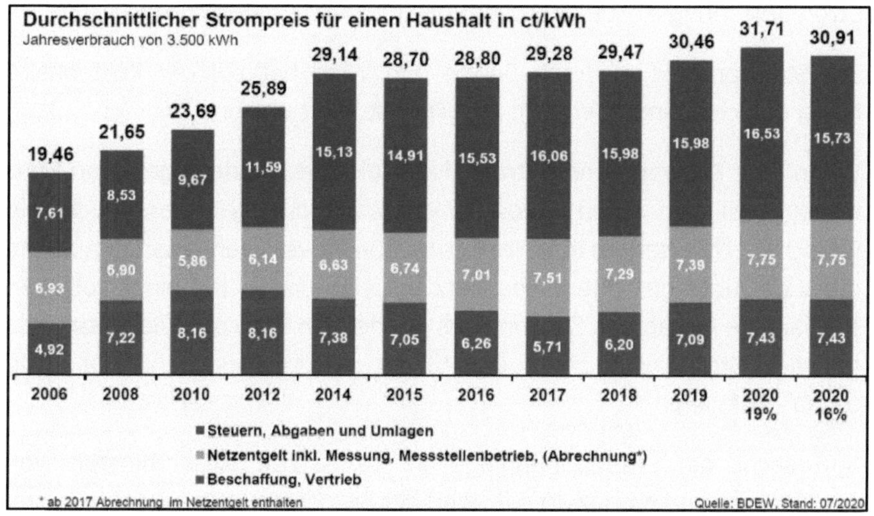

Abbildung 59: Entwicklung der Strompreise privater Haushalte

Quelle: BDEW Bundesverband der Energie und Wasserwirtschaft e.V.

Geht man für das Jahr 2020 von einem Strompreis von 31 Cent pro kWh und einer jährlichen Steigerung von zwei Prozent aus, so würde der Strompreis in 20 Jahren über 45 Cent pro kWh liegen. Der mittlere Strompreis des 20-Jahre-Zeitraums bei 38 Cent. Wenn innerhalb der Lebenszeit des Windrads der Strompreis steigt, verbessern sich sukzessive die wirtschaftlichen Rahmenbedingungen.

Stromgestehungskosten

Bei der Wirtschaftlichkeit eines Kraftwerks gibt es einen zentralen Parameter, die Stromgestehungskosten. Diese geben an, wie viel Euro eine Kilowattstunde Strom kostet.

Stromgestehungskosten = Kosten pro Kilowattstunde (Euro/kWh).

Die Stromproduktion durch Sonne und Wind hat auf der Kostenseite einen entscheidenden Vorteil: Der Treibstoff ist umsonst.

Wenn eine Kilowattstunde Strom durch die Kleinwindanlage einen Euro kostet, weil man einen windschwachen Standort hat, dann rückt ein wirtschaftlicher Betrieb in weite Ferne. Zumindest, wenn man den Strom günstiger über das öffentliche Netz beziehen kann. Bei einer autarken Inselanlage fernab des Stromnetzes können ein Euro pro Kilowattstunde günstige Stromkosten sein. Der Strom mittels Dieselgenerator kann teurer ausfallen.

Verursacht eine Kleinwindanlage in 20 Jahren Gesamtkosten von 20.000 Euro und produziert während der Betriebszeit 80.000 kWh Strom, so ist die Berechnung der Stromgestehungskosten einfach:

20.000 / 80.000 = 0,25 Euro/kWh.

Die Berechnung der Stromgestehungskosten kann mit oder ohne Kapitalverzinsung erfolgen. Bei den Berechnungen in diesem Buch wird eine Renditeerwartung des Investors nicht berücksichtigt. Das Geschäftsmodell beim Betrieb von Kleinwindkraftanlagen in Deutschland, Österreich und der Schweiz ist der Eigenverbrauch des Stroms. Die meisten Betreiber werden nicht mit einer bestimmten Rendite kalkulieren, wie z. B. bei einem Windpark.

Die wichtigsten Einflussfaktoren für die Stromgestehungskosten sind:

1. Stromerträge → Windbedingungen des Standorts
2. Anlagentechnik → Rotorgröße
3. Investitionskosten
4. Betriebskosten

Die Jahresstromerträge hängen entscheidend vom Windangebot des geplanten Aufstellungsorts ab. Eine windstarke Lage ist der wichtigste Erfolgsfaktor für eine Kleinwindkraftanlage. Sollte ausreichend Wind vorhanden sein, bestimmt vor allem die Rotorgröße der Windanlage deren Ertragskraft. Die Kostenseite umfasst die Investitions- und Betriebskosten, welche im folgenden Kapitel 6.2 beleuchtet werden.

Einspeisetarif nach EEG

Das Erneuerbare-Energien-Gesetz (EEG) regelt die Einspeisung von Ökostrom ins öffentliche Stromnetz und setzt die Einspeisetarife fest. Während das EEG in Branchen wie der Großwindkraft und Photovoltaik einen Boom ausgelöst hat, hat die Kleinwindkraft-Branche nie davon profitiert. Denn es gab nie einen auskömmlichen Tarif für kleine Windanlagen für private und gewerbliche Betreiber.

Nur kleine Windanlagen unter 100 kW Leistung bekommen einen Tarif für ins öffentliche Netz eingespeisten Strom. Der Tarif unterteilt sich in einen höheren Anfangstarif, der je nach Windangebot des konkreten Standorts der Anlage nach einigen Jahren auf einen niedrigeren Grundtarif gesenkt wird. Windanlagen unter 50 kW Leistung bekommen 20 Jahre lang den höheren Anfangstarif.

Der Einspeisetarif wird jedes Jahr neu festgesetzt. Für im Jahr 2020 installierte Windanlagen bis 50 kW wird 20 Jahre lang ein Tarif von 7,39 Cent pro kWh gezahlt. Wie sich der Tarif im Jahr 2021 ändert, stand zum Redaktionsschluss dieser Publikation nicht fest.

Eigenverbrauchsabgabe nach EEG

Mit der Reform des Erneuerbare-Energien-Gesetzes (EEG) im Jahr 2014 wurde eine Abgabe auf den Eigenverbrauch des Stroms aus Wind oder Sonne eingeführt. Berechnungsgrundlage für die Abgabe ist die sogenannt EEG-Umlage. Im Jahr 2020 betrug die Abgabe auf den Eigenverbrauch 2,7 Cent pro kWh. Der Tarif wird jedes Jahr angepasst.

Von der Eigenverbrauchsabgabe ausgenommen sind Kleinwind- und Photovoltaikanlagen mit einer Leistung unter 10 Kilowatt und maximal

10.000 Kilowattstunden selbstverbrauchter Strom pro Kalenderjahr. Auch Inselanlagen d.h. Systeme ohne Verbindung mit dem öffentlichen Netz bleiben verschont.

Allerdings verstößt die Eigenverbrauchsabgabe gegen eine EU-Richtlinie. Zum Zeitpunkt des Verfassens dieses Buches befand sich das EEG in der Überarbeitung. Vor diesem Hintergrund ist es wahrscheinlich, dass die Abgabe auf den Eigenverbrauch abgeschafft oder zumindest entschärft wird. Welche Schwellenwerte in Bezug auf Anlagenleistung und Jahresstromverbrauch mit dem neuen EEG dann gelten, wird man auf der Seite der Bundesnetzagentur nachlesen können.

6.2 Kosten der Windanlage

Die Gesamtkosten für eine schlüsselfertige Kleinwindkraftanlage inklusive Montage, aller Systemkomponenten, Fundament und Mast liegen zwischen 4.000 und 10.000 Euro pro Kilowatt installierter Leistung. Im Durchschnitt 5.000 Euro pro Kilowatt. Eine Kleinwindanlage mit 5 kW Leistung würde im Schnitt 25.000 Euro kosten.

Warum gibt es eine so große Preisspanne bei Kleinwindkraftanlagen? Das hängt vor allem mit dem Variantenreichtum der Anlagentechnik zusammen. Insbesondere Windanlagen mit besonders großem Rotor im Verhältnis zur Generatorleistung sind teurer, produzieren dafür aber deutlich mehr Strom als Anlagen der gleichen Leistungsklasse (siehe Kap. 5.2 und 5.3).

Dem Kapitel zur Kaufberatung vorgreifend: bei Kleinwindanlagen geht es natürlich noch sehr viel kostengünstiger. Doch mit Billigware wird mit nicht lange seine Freude haben.

Wichtig: bei Kleinwindanlagen kann man von der Leistung in Kilowatt ausgehend nur sehr ungenaue Kalkulationen durchführen. Denn zwei Windanlagen gleicher Nennleistung können unter den gleichen Windbedingungen sehr unterschiedliche Stromerträge erzeugen. Der Grund wurden in Kap. 5.2 erläutert: die Größe des Rotors entscheidet über die jährlichen Stromerträge der Anlage, nicht die Leistung des Generators.

Einfacher ist es bei Photovoltaikanlagen, da man mit einfachen Daumenregeln realistische Kalkulationen durchführen kann. Pro Kilowatt Leistung kann man in Deutschland im Schnitt mit 800 bis 1.000 kWh Solarstrom pro Jahr rechnen. Ein Kilowatt Leistung schlüsselfertige Photovoltaikanlage kostet rund 1.400 Euro. Die Stromgestehungskosten für eine spezifische Modulleistung sind schnell ausgerechnet.

Investitionskosten

Die einzelnen Kostenpositionen können je nach Anlagentyp, Leistungsklasse und Standort sehr unterschiedlich ausfallen. Manche Dinge sind optional wie z. B. die Kosten für Gutachten oder einen Kran, der nur für größere Anlagen ohne Kippmasten benötigt wird. Je größer die Windanlage, desto höher die Aufwendungen für Planung und Installation. Eine kleine Hobbyanlage kann eventuell selbst aufgestellt werden, nur der Anschluss erfolgt durch den Elektro-Handwerker.

Wesentliche Komponenten eines Kleinwindkraft-Systems sind Fundament und Mast, welche zusammen bis zu 50 % der Gesamtkosten ausmachen können. Das kann sich wirtschaftlich auszahlen, da ein höherer Mast deutlich höhere Stromerträge ermöglichen kann. Die Kosten eines Kleinwindkraft-Projekts hängen somit vom Windangebot des Standorts ab. Ein weiterer Grund, warum pauschale Aussagen und einfache Daumenregeln zu den Kosten der Kleinwindkraft leider nicht möglich sind. Man muss den Einzelfall betrachten.

Zu den Kostenpositionen eines Kleinwindkraft-Systems zählen:

- Windgenerator
- Wechselrichter oder Laderegler inkl. Schutzeinrichtung
- Extra Regelelektronik und Komponenten (z. B. für Heizbetrieb)
- Fundament
- Mast
- Erschließung des Standorts (Zuwegung, Stellflächen)

- Installation der Windanlage (Netzanschluss, Kran, Prüfingenieur)
- Dienstleistungen für Genehmigung (Architekt, Gutachten)
- Kosten für Genehmigung (Ausgleichszahlungen)

Abbildung 60: Kran für die Aufstellung eines Gittermasten

Betriebskosten

Die Betriebskosten qualitativ hochwertiger Kleinwindkraftanlagen sind überschaubar. Wer bei den Anschaffungskosten spart und sich für ein besonders günstiges Modell entscheidet, der wird später mit hoher Wahrscheinlichkeit bei den laufenden Kosten draufzahlen. Reparaturen oder Komponentenaustausch haben ihren Preis.

Pauschal können als jährliche Betriebskosten 1,5 % der anfänglichen Anlagenkosten in Form der Windanlage plus Komponenten angesetzt werden. Kostet die Kleinwindanlage mit Wechselrichter, Mast und Fundament beispielsweise 30.000 Euro, so kalkuliert man pro Jahr mit 450 Euro laufenden Kosten.

Typische Positionen der Betriebskosten:

- Wartung
- Instandhaltung
- Versicherungen

Versicherungskosten entstehen durch die Elektronikversicherung und Betreiber-Haftpflichtversicherung. Schäden bei Kleinwindanlagen entstehen vorwiegend durch höhere Gewalt wie Sturm, Hagel und Blitzschlag. Die Elektronikversicherung bietet einen Schutz für diese von außen einwirkenden Gefahren. Inwieweit innere Schäden einzelner Komponenten mitversichert werden können, muss im Einzelfall entschieden werden. Dies wird stark von der Qualität der Anlagentechnik abhängen, zertifizierte Windanlagen haben dabei Vorteile. Eine Betreiber-Haftpflichtversicherung deckt die Schädigung von Dritten ab, die sich aus dem Betrieb der Anlage ergeben könnte. Für beide Versicherungen zusammen fallen pro Jahr Kosten von 100 bis 300 Euro an.

6.3 Fallbeispiele

Die folgenden Rechenbeispiele verdeutlichen einzelne Aspekte der Wirtschaftlichkeit. Es wird absichtlich ein simples Verfahren gewählt, damit der Fokus auf die grundlegenden Zusammenhänge gewahrt bleibt. Beispielsweise wurden steuerliche Betrachtungen vernachlässigt.

6.3.1 Private Windanlage

Eine Familie beabsichtigt fürs Eigenheim in westlicher Randlage eines Wohngebiets die Anschaffung einer Kleinwindkraftanlage. Über mehrere Monate wird eine Windmessung auf einem 10 m hohen Mast durchgeführt. Das Ergebnis der mittleren Jahreswindgeschwindigkeit: 3,8 m/s.

Um das Windangebot zu erhöhen, wird für die Windanlage ein 20 m hoher Mast gewählt. Eine Voranfrage beim Bauamt und die Abstimmung mit den Nachbarn haben ergeben, dass es gegen einen 20 m hohen Mast auf dem weitläufigen Grundstück keine Einwände gibt. Die mittlere Windgeschwindigkeit in 20 m Höhe beträgt 4,37 m/s.

Windenergie am Standort	
Wind in 10 m Messhöhe	3,80 m/s
Wind in 20 m Masthöhe	4,37 m/s

Um einen ersten Eindruck zur Wirtschaftlichkeit zu bekommen, werden die Stromgestehungskosten berechnet. Dazu müssen die Gesamtkosten und die Stromerträge geschätzt werden.

Als Windanlage wurde ein Modell mit horizontaler Rotorachse ausgewählt. Die Daten zur Übersicht in der nächsten Tabelle.

Kleinwindkraftanlage	
Nennleistung	2,4 kW
Nennwindgeschwindigkeit	13 m/s
Rotor-Durchmesser	3,7 m/s
Bauform	Horizontal

Von einem Fachbetrieb wurde für das Windrad eine Kostenübersicht bereitgestellt. Bei den Kostenpositionen werden auch Finanzierungskosten berücksichtigt. Als Betriebskosten wurden 1,5 % der Investitionskosten angesetzt, das entspricht 225 Euro im ersten Jahr. Für die jährliche Steigerung der Betriebskosten wurden ebenfalls 1,5 % angesetzt.

Kosten	
Investitionskosten	15.000 €
Eigenkapital	5.000
Anteil Eigenkapital	33%
Fremdkapital	10.000 €
→ Zinssatz	2,00%
→ Laufzeit Darlehen	15 Jahre
→ Rate pro Monat	64 €
Betriebskosten 1. Jahr	225 €
→ Steigerung pro Jahr	1,5%
Betriebskosten 20. Jahr	299 €

Als nächster Schritt folgt die Abschätzung der Stromerträge der Windanlage basierend auf der mittleren Jahreswindgeschwindigkeit von 4,37 m/s. Der Fachbetrieb ermittelt eine jährliche Stromerzeugung von rund 2.400 kWh.

Stromertrag der Windanlage	
Stromertrag pro Jahr	2.415 kWh
Stromertrag in 20 Jahren	48.300 kWh

Die Stromgestehungskosten werden ermittelt, indem die Gesamtkosten den Stromerträgen im Laufe der Betriebszeit von 20 Jahren gegenübergestellt werden.

Stromgestehungskosten	
Investitionskosten	15.000 €
Betriebskosten gesamt	5.203 €
Zinsen gesamt	1.583 €
Gesamtkosten	21.786 €
Stromerträge in 20 Jahren	48.300 kWh
Stromgestehungskosten	45,1 Cent/kWh

Teilt man die Gesamtkosten durch die gesamten Stromerträge, ergeben sich die Stromgestehungskosten. Die Kosten für die Produktion einer Kilowattstunde Strom betragen rund 45 Cent.

Ein vollständiges Bild ergibt sich, wenn man die Steigerung des Strompreises im Laufe der Anlagenbetriebszeit von 20 Jahren berücksichtigt. Bei einer jährlichen Strompreissteigerung von 2 % wird der Strompreis in 20 Jahren bei 44 Cent pro kWh liegen. Der mittlere Strompreis in diesem Zeitraum bei 36 Cent.

Strompreise	
Strompreis aktuell	30 Cent/kWh
Strompreis-Steigerung p.a.	2,0%
→ Strompreis in 20 Jahren	44 Cent/kWh
→ Mittlerer Strompreis	36 Cent/kWh

Erst am Ende der Betriebszeit der Windanlage kann man annähernd wirtschaftlich Strom damit erzeugen. Insgesamt sind die Stromgestehungskosten der Windanlage deutlich höher als der Strompreis.

Bislang wurde nur die Kostenseite betrachtet. Es wurde nicht untersucht, welche Einnahmen der Windstrom generiert. Erst dann erschließt sich das vollständige Bild der Wirtschaftlichkeit.

Einnahmen: Eigenverbrauch und Einspeisung

Der Wert des selbst erzeugten Stroms der Kleinwindkraftanlage bemisst sich danach, ob er selbst verbraucht oder eingespeist wird. Der Selbstverbrauch ist deutlich lukrativer, deshalb ist die Eigenverbrauchsquote ein zentraler Erfolgsfaktor für die Wirtschaftlichkeit. Von den rund 2.400 kWh Windstrom pro Jahr verbraucht die Familie 1.000 kWh selbst, die Eigenverbrauchsquote liegt bei ca. 41 %. Ein Teil des Stroms wird für den Betrieb der Wärmepumpe verwendet. Der nicht selbst verbrauchte Strom in Höhe von 1.415 kWh wird eingespeist und vergütet.

Stromertrag und -nutzung pro Jahr	
Stromertrag Windanlage	2.415 kWh
Eigenverbrauch	1.000 kWh
Anteil Eigenverbrauch	41%
Einspeisung	1.415 kWh

Wenn 1.000 kWh Strom selbst verbraucht werden, spart man bei einem Strompreis von 30 Cent pro kWh insgesamt 300 Euro Stromkosten im ersten Jahr. Da der Strompreis in den folgenden Jahren steigt, steigt ebenso der Wert des Stroms im Eigenverbrauch. Eingespeister Strom wird jedes Jahr nur mit 7,4 Cent pro kWh vergütet. Bei einer Einspeisung von 1.415 kWh pro Jahr ergibt sich ein Einspeiseerlös von 105 Euro. Das volle Bild der Einnahmen zeigt die folgende Tabelle.

Jahr	Strompreis	Eigenverbrauch	Einspeisung
1	0,30 €	300 €	105 €
2	0,31 €	306 €	105 €
3	0,31 €	312 €	105 €
4	0,32 €	318 €	105 €
5	0,32 €	325 €	105 €
6	0,33 €	331 €	105 €
7	0,34 €	338 €	105 €
8	0,34 €	345 €	105 €
9	0,35 €	351 €	105 €
10	0,36 €	359 €	105 €
11	0,37 €	366 €	105 €
12	0,37 €	373 €	105 €
13	0,38 €	380 €	105 €
14	0,39 €	388 €	105 €
15	0,40 €	396 €	105 €
16	0,40 €	404 €	105 €
17	0,41 €	412 €	105 €
18	0,42 €	420 €	105 €
19	0,43 €	428 €	105 €
20	0,44 €	437 €	105 €
	Summe:	7.289 €	2.094 €
	Gesamt:		9.348 €

Ergebnis

Die Familie hat beim gegebenen Beispiel ein Verlustgeschäft von 12.400 Euro gemacht. Den Ausgaben über 21.000 Euro stehen nur Einnahmen unter 10.000 Euro gegenüber. Eine Ursache für das schlechte Ergebnis ist der geringe Eigenverbrauch des Windstroms von nur 41 %.

Ergebnis bei 41 % Eigenverbrauch	
Einnahmen in 20 Jahren	9.348 €
Ausgaben in 20 Jahren	21.786 €
Ergebnis nach 20 Jahren	-12.402 €

Besser sieht es aus, wenn mehr Windstrom selbst verbraucht werden würde. Gehen wir davon aus, dass die Familie schon einen Photovoltaik-anlage inklusive Stromspeicher besitzt. Der Speicher kann auch von der Kleinwindanlage gespeist werden. Mit dem Ergebnis, dass jetzt rund 90 % des Stroms der Windanlage selbst verbraucht werden. Der Verlust würde sich auf 5.700 € deutlich reduzieren...

Ergebnis bei 90 % Eigenverbrauch	
Einnahmen in 20 Jahren	16.064 €
Ausgaben in 20 Jahren	21.786 €
Ergebnis nach 20 Jahren	-5.722 €

Die Zahlen zeigen, wie wichtig eine Maximierung des Eigenverbrauchs ist.

Argumente für private Windanlagen

Alles in allem gilt für privat betriebene Kleinwindkraftanlagen mit einer Leistung unter 5 kW: Ein wirtschaftlicher Betrieb ist in Deutschland, Österreich und der Schweiz in der Regel nicht möglich. Wer vor allem Stromkosten sparen will, sollte von einer kleinen Windanlage Abstand nehmen.

Doch Kleinwindanlagen sind auch bei Eigenheimbesitzern beliebt, da sie als Ergänzung zur Photovoltaikanlage die Selbstversorgung übers Jahr drastisch erhöhen. Eine wesentliche Komponente ist dabei der Stromspeicher.

6.3.2 Gewerbliche Windanlage

Ein wirtschaftlicher Betrieb von Kleinwindkraftanlagen ist für Gewerbebetriebe durchaus möglich. Das hängt mit folgenden Eigenschaften zusammen:

- Hoher Stromverbrauch
- Hohe Eigenverbrauchsquote
- Hohe Anlagenleistung
- Höhere Masten

In unserem Beispiel gehen wir von einem Landwirtschaftsbetrieb aus, der das ganze Jahr für Stallanlagen und Tierzucht einen hohen Stromverbrauch hat, auch im Herbst und Winter. Der Hof befindet sich in freier, windstarker Lage.

Auf Grundlage der Windmessung in 10 m Höhe wird ein 24 m hoher Mast gewählt. Die Werte der mittleren Jahreswindgeschwindigkeiten ergeben sich wie folgt...

Windenergie am Standort	
Wind in 10 m Messhöhe	4,2 m/s
Wind in 24 m Masthöhe	5,0 m/s

Als Windradtyp wird eine ertragsstarke 10 kW Anlage mit großem Rotor von 9,7 m Durchmesser gewählt. Die horizontale Windanlage erwirtschaftet bei den gegebenen Windbedingungen 21.600 kWh Strom pro Jahr.

Kleinwindkraftanlage	
Nennleistung	10 kW
Nennwindgeschwindigkeit	9 m/s
Rotor-Durchmesser	9,7 m/s
Bauform	Horizontal
Jahresertrag	21.600 kWh
... bei Wind von	5 m/s

Für die Berechnung der Stromgestehungskosten sind die Stromerträge bekannt. Jetzt fehlen noch die Kosten. Alle Kosten- und Preisangaben beinhalten keine Mehrwertsteuer.

Kosten	
Investitionskosten	65.000 €
Eigenkapital	20.000 €
Anteil Eigenkapital	31%
Fremdkapital	45.000 €
→ Zinssatz	2,00%
→ Laufzeit Darlehen	15 Jahre
→ Rate pro Monat	290 €
Betriebskosten 1. Jahr	750 €
→ Steigerung pro Jahr	1,5%
Betriebskosten 20. Jahr	995 €

Für Gesamtkosten von rund 90.000 Euro werden in 20 Jahren in etwa 432.000 kWh Strom erzeugt. Die Kilowattstunde Strom der Kleinwindkraftanlage kostet somit 20,7 Cent.

Stromgestehungskosten	
Investitionskosten	65.000 €
Betriebskosten-Summe	17.343 €
Zinsen	7.124 €
Gesamtkosten	89.467 €
Stromerträge in 20 Jahren	432.000 kWh
Stromgestehungskosten	20,7 Cent/kWh

Die Stromgestehungskosten müssen mit den Strompreisen verglichen werden. Kann der Landwirt günstiger Strom produzieren, als er ihn beim Versorger einkauft? Wie die folgende Tabelle zeigt, kann der Landwirt schon heute mit seiner Kleinwindanlage günstiger Strom produzieren. Der Strompreis beträgt 22 Cent pro kWh, die Stromgestehungskosten 20,7 Cent pro kWh. Berücksichtigt man die Steigerung des Strompreises, verbessert sich die Wirtschaftlichkeit der Windturbine sukzessive. Es wurde von einer Strompreissteigerung von 2 % ausgegangen. Nach 20 Jahren beträgt der Strompreis 32 Cent pro kWh.

Strompreise	
Strompreis aktuell	22,0 Cent/kWh
Strompreis-Steigerung p.a.	2 %
→ Strompreis 20. Jahr	32 Cent/kWh
→ Mittlerer Strompreis	27,0 Cent/kWh
Einspeisetarif	7,4 Cent/kWh

Einnahmen: Eigenverbrauch und Einspeisung

Der Landwirt kann den Strom zu 20,7 Cent pro kWh recht günstig produzieren. Kann er ihn auch sinnvoll verwerten? Aufgrund seines hohen Stromverbrauchs realisiert er einen Eigenverbrauch von 75 %.

Von den jährlichen 21.600 kWh Strom der Windanlage verbraucht sein Betrieb 16.200 kWh selbst.

Stromertrag und -nutzung pro Jahr	
Stromertrag Windanlage	21.600 kWh
Eigenverbrauch	16.200 kWh
Anteil Eigenverbrauch	75%
Einspeisung	5.414 kWh

Ergebnis

In 20 Jahren Betriebszeit entstehen rund 90.000 Euro Gesamtkosten und ca. 100.000 Euro Einnahmen, somit ein positives Betriebsergebnis von 10.000 Euro. Die Amortisation erfolgt im 18. Jahr.

Ergebnis bei 75 % Eigenverbrauch	
Einnahmen in 20 Jahren	99.633 €
Ausgaben in 20 Jahren	89.467 €
Ergebnis nach 20 Jahren	10.166 €
Amortisation	18. Jahr

Hinweis: eine Abgabe auf den selbstverbrauchten Strom wurde bei der gewerblichen Windanlage nicht berücksichtigt. Zum Zeitpunkt des Redaktionsschlusses des Buches wurde das Erneuerbare-Energien-Gesetz überarbeitet. Eine Änderung oder Abschaffung der Eigenverbrauchsabgabe ist wahrscheinlich (siehe auch Kap. 6.1).

Wichtig: Die Ergebnisse der Fallbeispiele können nicht pauschal auf das eigene Kleinwindkraft-Projekt bezogen werden. Entscheidend für die Wirtschaftlichkeit ist das Windangebot in Rotorhöhe.

Kleinwindanlagen-Rechner (gratis Online-Tool)

Auf meinem Fachportal gibt es unter der Hauptnavigation „Rechner" einen kostenfreien Online-Rechner, um die Stromerträge und Wirtschaftlichkeit von Kleinwindanlagen zu ermitteln.

Das Online-Tool basiert auf einem wissenschaftlich exakten Rechenverfahren und umfasst die Leistungsdaten unabhängig geprüfter Windgeneratoren.

Ausgehend von standortspezifischen Winddaten kann man Windanlagen verschiedener Leistungsklassen auswählen. In der Ergebnis-Box am Ende des Rechners werden Kennzahlen der Wirtschaftlichkeit wie Stromgestehungskosten, Ergebnis und Amortisation angezeigt.

Ein Lern-Video erläutert die Bedienung des Rechners.

Webadresse:
www.klein-windkraftanlagen.com/kleinwindanlagen-rechner/

6.4 Kreditförderung

KfW-Bank

Die Finanzierung von Anlagen zur Stromerzeugung aus regenerativen
Energien können über das KfW-Programm „Erneuerbare Energien
Standard" gefördert werden. Das gilt auch für Kleinwindkraftanlagen.
Neben dem Windgenerator werden auch Komponenten wie
Wechselrichter sowie Verkabelung und Netzanschluss, Transport,
Montage und Inbetriebnahme der Anlage sowie technische
Planungskosten abgedeckt. Es werden bis zu 100 % der Investitions-
kosten finanziert.

Zielgruppen sind Unternehmen, Privatpersonen, Freiberufler, Landwirte
und gemeinnützige Organisationen.

Ein wichtiger Hinweis für private Antragsteller: das Finanzierungs-
programm kann nur in Anspruch genommen werden, wenn ein Teil des
Stroms ins öffentliche Netz eingespeist wird. Es gibt keine Vorgabe, wie
hoch der Anteil des eingespeisten Stroms sein muss.

Diese Verpflichtung zur Einspeisung gilt nicht für Unternehmen und
Gewerbebetriebe. Sie bekommen die Kreditförderung auch dann, wenn
sie den Strom komplett selbst nutzen.

Stand Oktober 2020 wird beispielsweise für ein Darlehen in Höhe von
50.000 Euro ein Effektivzins von 1,03 % p. a. bei fünf Jahren Laufzeit,
einem tilgungsfreien Anlaufjahr und fünf Jahren Zinsbindung angeboten.

Es kann unter verschiedenen Laufzeitvarianten gewählt werden. Bis zu
20 Jahre bei höchstens drei tilgungsfreien Anlaufjahren und einer
Zinsbindung für die ersten zehn Jahre oder für die gesamte
Kreditlaufzeit. Die aktuellen Zinssätze können in der Konditionen-
übersicht der KfW nachgeschaut werden.

Die Abwicklung läuft nach dem bei der KfW üblichen Verfahren. Die
Antragstellung muss unbedingt vor dem Beginn der Anlageninstallation
erfolgen. Bei positivem Bescheid leitet der Antragsteller die Unterlagen

an die Hausbank weiter, die den Kreditvertrag abschließt und den Kredit auszahlt.

Landwirtschaftliche Rentenbank

Landwirte können auf die Finanzierungsangebote der Landwirtschaftlichen Rentenbank zurückgreifen. Das **Programm „Energie vom Land"** richtet sich an Betreiber, die einen Teil des Stroms der Windanlage ins öffentliche Netz einspeisen und nach EEG vergütet bekommen. Es kommen die Basis-Konditionen Nr. 256 der Rentenbank zum Zuge. Die aktuellen Konditionen kann man auf der Internetseite der Rentenbank runterladen. Ein Förderzuschuss kann nicht gewährt werden, da schon eine Förderung auf Basis des EEG im Rahmen der Einspeisetarife erfolgt.

Für Landwirte, die ihren Windstrom zu 100 % selbst verbrauchen, steht das **Programm „Nachhaltigkeit"** zur Verfügung. Auch hier bitte die aktuellen Konditionen auf der Seite der Rentenbank in Erfahrung bringen. Eventuell kann zusätzlich ein Förderzuschuss ab rund 1 % der Darlehenssumme gewährt werden. Hier beraten die Experten der Rentenbank zum jeweiligen Einzelfall.

www.rentenbank.de

7 GENEHMIGUNG

7.1 Grundlagen

Das Bau- und Genehmigungsrecht von Kleinwindkraftanlagen unterscheidet sich maßgeblich von Großwindkraftanlagen. Unterscheidungsmerkmal ist die Anlagenhöhe: Windkraftanlagen unter 50 m Gesamthöhe (höchste Flügelspitze) zählen zu den Kleinwindanlagen, Windanlagen über 50 m Höhe zur Großwindkraft. In der Praxis sind in Deutschland die meisten Kleinwindkraftanlagen kleiner als 30 m, private Windräder oft nur 10 m hoch.

Aufgrund der geringen Höhe und Rotorblattmaße sind Kleinwindkraftanlagen nicht raumbedeutsam. Anders ausgedrückt: Ihr Einfluss auf die Umgebung hinsichtlich Schall, Schattenwurf oder Beeinträchtigung des Landschaftsbilds ist im Vergleich mit den raumbedeutsamen Großwindanlagen marginal. Kleinwindanlagen müssen in der Nähe des Verbrauchers installiert werden, sonst könnte der Eigenverbrauch des Windstroms technisch nicht umgesetzt werden.

Großwindkraftanlagen und Windparks müssen dagegen weit entfernt von Baugebieten und Stromverbrauchern auf ausgewiesene Vorrangflächen gestellt werden.

Zuständige Behörden

Die primäre Zuständigkeit für die Baugenehmigung liegt beim örtlichen Bauamt (untere Bauaufsichtsbehörde). Die Organisation der Bauaufsichtsbehörden und das Vorgehen bei der Antragsstellung unterscheiden sich zwischen den Bundesländern. In der Regel wendet man sich direkt ans Bauamt. Das Bauamt bindet fallspezifisch weitere Fachbehörden ein. Das kann beispielsweise die Untere Naturschutzbehörde oder das Denkmalschutzamt sein.

Landesbauordnung hat zentrale Bedeutung

Kleinwindkraftanlagen werden auf Grundlage der einzelnen Bauordnungen der Bundesländer als bauliche Anlagen eingestuft. Kriterium ist die maximale Gesamthöhe von 50 m. Die Unterschiede in den einzelnen Landesbauordnungen führen zu einem Flickenteppich des Genehmigungsrechts für kleine Windanlagen in Deutschland. Prinzipiell haben vor allem die Bundesländer das Heft in der Hand beim gesetzlichen Rahmen für Kleinwindanlagen.

Neben der jeweiligen Landesbauordnung müssen weitere Gesetze und Vorschriften beachtet werden wie z. B. das Baugesetzbuch, Immissionsschutzrichtlinien und das Naturschutzgesetz.

Windenergieerlasse der Bundesländer

Die Baubehörden vor Ort bekommen von der jeweiligen Landesregierung sowie den zuständigen Ministerien und nachgeschalteten Behörden einen Orientierungsrahmen vorgegeben, der in manchen Bundesländern in einem sogenannten Windenergieerlass dargestellt wurde.

Windenergieerlasse sind keine Gesetze, sondern Richtlinien und Interpretationshilfen für die Auslegung der Gesetze. Doch nicht in jedem Windenergieerlass sind Hinweise zu Kleinwindanlagen. Thematischer Schwerpunkt sind Großwindanlagen und Windparks.

Die von den Bundesländern erarbeiteten Erlasse tragen nicht konsistent die Bezeichnung „Windenergieerlass", sind teilweise erst in Planung oder befinden sich in der Überarbeitung. Ferner ist unklar, wie eine neue Landesregierung anderer politischer Couleur einen bestehenden Winderlass modifizieren wird. Beispielsweise ist in Baden-Württemberg der Windenergieerlass im Mai 2019 außer Kraft getreten und wurde durch ein „Themenportal Windenergie" ersetzt, welches Vorschriften und hilfreiche Hinweise zur Planung und Genehmigung von Windenergieanlagen umfasst.

Am besten ist es, auf den Internetseiten der Landesministerien zu schauen, die für das Thema Erneuerbare Energien zuständig sind. Dort werden aktuelle Informationen zur Planung von Windkraftanlagen veröffentlicht.

Kleinwindrad als Nebenanlage

Der im Baurecht verwendete Begriff der Nebenanlage beschreibt gut die Funktion einer Kleinwindkraftanlage für die dezentrale Stromerzeugung. Die Nebenanlage in Form einer Kleinwindanlage versorgt die Hauptanlage mit Strom wie z. B. ein Wohnhaus oder eine Gewerbehalle. Eine Großwindkraftanlage dagegen, die fernab der Baugebiete aufgestellt wird, steht als bauliche Anlage für sich, sie ist selbst eine Hauptanlage mit dem Zweck Strom zu produzieren und zu vermarkten.

Eine Voraussetzung der Einordnung einer Kleinwindanlage als Nebenanlage ist die Unterordnung zum Hauptgebäude. Diese Unterordnung gilt in räumlich-gegenständlicher Hinsicht, die Windanlage darf optisch nicht auffälliger sein und muss in der Nähe des Hauptgebäudes stehen. Zum anderen ist damit eine funktionale Unterordnung gemeint, über 50 % der Energie muss für den Selbstverbrauch verwendet werden.

Das Niedersächsische Oberverwaltungsgericht (OVG Lüneburg) hat im Oktober 2015 entschieden, dass einem Nebenerwerbslandwirt ein Bauvorbescheid zu erteilen ist, dessen Kleinwindanlage rund 180 m vom Hauptgebäude entfernt ist. Zudem wurde ein Teil des Stroms nicht gewerblich, sondern privat genutzt. Diese Urteil zeigt, dass die kleine Windanlage als Nebenanlage nicht unmittelbar neben dem Hauptgebäude stehen muss.

Ein Kleinwindrad für sich ist eine gewerbliche Hauptanlage. Als gewerbliche Anlagen sind sie dann in bestimmten Gebieten wie in Wohngebieten nicht erlaubt. In der Praxis sind Kleinwindanlagen allerdings fast immer Nebenanlagen, weil dies dem üblichen Nutzungskonzept entspricht.

Gebietstypen

Für die Zulässigkeit einer Kleinwindanlage und dessen Einstufung als Bauwerk spielt der Gebietstyp des Aufstellungsorts eine wichtige Rolle. Es macht einen Unterschied, ob die Windanlage eines Einzelhofs auf dem Land oder im Wohngebiet installiert werden soll.

Das Bauplanungsrecht unterscheidet zwei grundlegende Bereiche:

- Innenbereich: Bebaute Ortsteile mit und ohne Bebauungsplan
- Außenbereich: Ländlicher Bereich ohne Bebauungsplan

Im Innenbereich sind Kleinwindkraftanlagen zulässig, wenn sie als untergeordnete Nebenanlage eingestuft werden. Im Außenbereich d. h. in ländlichen Gebieten können Kleinwindkraftanlagen als Nebenanlagen oder als Hauptanlagen genehmigt werden.

In der Baunutzungsverordnung werden verschiedene Baugebiete definiert, dazu zählen unter anderem:

- Reine, allgemeine und besondere Wohngebiete
- Mischgebiete
- Kerngebiete
- Gewerbegebiete
- Industriegebiete etc.

Innenbereich:

Prinzipiell ist eine Kleinwindkraftanlage auch in einem Wohngebiet zulässig. Das heißt aber noch lange nicht, dass die Miniwindanlage auf jedem Grundstück errichtet werden kann. In der praktischen Umsetzung gibt es divergierende Gerichtsurteile und Meinungen. Es kommt auf den Einzelfall an. Ein entscheidender Faktor ist die Grundstücksgröße, je dichter die Bebauung, desto größer sind mögliche Konflikte.

In Bundesländern wie Bayern und Baden-Württemberg können Miniwindräder geringer Höhe sogar ohne Baugenehmigung im Wohngebiet aufgestellt werden. Wie verschiedene Gerichtsurteile der vergangenen Jahre gezeigt haben, sind pauschale Aussagen zur

Zulässigkeit einer Kleinwindanlage nicht möglich. Vor allem bei kleinen Grundstücken ist das Einverständnis der Nachbarn hilfreich, um gegenüber dem Bauamt punkten zu können.

Außenbereich:

Bei der Aufstellung einer Kleinwindanlage im Außenbereich, d. h. auf dem Land außerhalb bebauter Ortsbereiche, greift § 35 des Baugesetzbuches (BauGB). In § 35 Abs. 1 Nr. 5 BauGB werden die „Erforschung, Entwicklung oder Nutzung der Wind- oder Wasserenergie" als privilegierte Vorhaben im Außenbereich genannt. Aufgrund des Windenergiepotenzials ist der Einsatz von Windkraftanlagen vor allem auf dem Land sinnvoll. Eine Kleinwindanlage kann somit prinzipiell als eigenständige Hauptanlage im Außenbereich errichtet werden. Anforderungen an die Stromnutzung in Form eines Eigenverbrauchsanteils werden in der Gesetzespassage nicht gestellt. Das Vorhaben ist nur zulässig, wenn die ausreichende Erschließung des Standorts gesichert ist und die öffentlichen Belange gewahrt werden. Unter der öffentlichen Belangen können im ländlichen Bereich vor allem Aspekte des Natur- und Artenschutzes zum Tragen kommen.

Neben der Privilegierung als eigenständige Hauptanlage kann die Genehmigung einer Kleinwindanlage im Außenbereich als sogenannte mitgezogene Nebenanlage erfolgen. Die Privilegierung bezieht sich in diesem Fall nicht auf die Windanlage selbst, sondern auf den Betreiber in Form eines land- und forstwirtschaftlichen Betriebs, als auch Gartenbaubetriebs. Naturgemäß sind solche Betriebe im Außenbereich angesiedelt. Die Privilegierung besteht somit für den Hauptbetrieb, die Kleinwindkraftanlage selber ist als unselbständiger Teil privilegiert. Gemäß den Bestimmungen für untergeordnete Nebenanlagen muss über die Hälfte des Windstroms vom Betrieb selbst verbraucht werden.

Flächennutzungsplanung

Ein in den letzten Jahren wachsendes Problem ist die Ablehnung von Kleinwindanlagen auf Basis der Flächennutzungspläne der Gemeinden. Das ist ein rechtlich hoch fragwürdiges Vorgehen, da Kleinwindanlagen nicht raumbedeutsam sind und deshalb in der Regel nicht durch

Regional-, Flächennutzungs- oder Bebauungspläne gesteuert werden können.

Mit einem Flächennutzungsplan kann man auch die räumliche Verteil von Großwindkraftanlagen und Windparks beeinflussen. Doch in den letzten Jahren wird dieses Planungsinstrument zunehmend als Argument genommen, eine Kleinwindkraftanlage abzulehnen. Damit wird der Privilegierung von Kleinwindanlagen im Außenbereich ein Riegel vorgeschoben.

7.2 Regelungen in Bundesländern

Die jeweiligen Bauordnungen der Bundesländer geben den rechtlichen Rahmen für kleine Windanlagen unter 50 m Gesamthöhe vor.

Dabei kann zwischen folgenden Verfahrensarten unterschieden werden:

1. Verfahrensfreie Vorhaben: Keine Baugenehmigung, ohne Anzeigepflicht
2. Genehmigungsfreie Vorhaben: Keine Baugenehmigung, mit Anzeigepflicht
3. Vereinfachtes Baugenehmigungsverfahren
4. Normales Baugenehmigungsverfahren

Bei den verfahrensfreien und genehmigungsfreien Vorhaben wird keine Baugenehmigung für die Kleinwindkraftanlage benötigt. Nicht alle Bundesländer bieten diese bürokratische Erleichterung. In den vergangenen Jahren sind allerdings immer mehr Länder dazu übergegangen, sehr kleine Anlagen unter 10 m Höhe von der Genehmigung zu befreien.

Bei einer Verfahrensfreistellung kann die Windturbine ohne Benachrichtigung des Bauamts aufgestellt werden, es besteht keine Anzeigepflicht. Bei genehmigungsfreien Vorhaben ist eine Baugenehmigung nicht notwendig, die Baubehörde muss aber über die beachsichtige Installation der Kleinwindanlage informiert werden.

In der folgenden Tabelle werden die Regelungen für einen Verzicht auf eine Baugenehmigung in den einzelnen Bundesländern aufgeführt. Die Nabenhöhe einer Windanlage bezieht sich auf die Rotormitte, mit Gesamthöhe ist die höchste Flügelspitze gemeint.

	Verzicht auf Baugenehmigungsverfahren
Baden-Württemberg	Verfahrensfrei bis 10 m Nabenhöhe.
Bayern	Verfahrensfrei bis 10 m Gesamthöhe.
Berlin	Verfahrensfrei bis 10 m Gesamthöhe und Rotor-Durchmesser bis 3 m außer in reinen Wohngebieten.
Brandenburg	Genehmigungsfrei bis 10 m Gesamthöhe und Rotor-Durchmesser bis 3 m außer in reinen Wohngebieten.
Bremen	Nein
Hamburg	Verfahrensfrei bis 10 m Gesamthöhe und Rotor-Durchmesser bis 3 m außer in reinen Wohngebieten sowie bis 15 m Gesamthöhe in Gewerbe, -Industrie und Hafengebieten.
Hessen	Genehmigungsfrei bis 10 m Gesamthöhe und Rotor-Durchmesser bis 3 m außer in reinen Wohngebieten.
Mecklenburg-Vorpommern	Genehmigungsfrei bis 10 m Gesamthöhe und Rotor-Durchmesser bis 3 m außer in Wohngebieten und in Mischgebieten.
Niedersachsen	Nein
NRW	Genehmigungsfrei bis 10 m Gesamthöhe außer in Wohn- und Mischgebieten.
Rheinland-Pfalz	Genehmigungsfrei bis 10 m Gesamthöhe in Gewerbe- und Industriegebieten sowie Außenbereich.
Saarland	Verfahrensfrei bis 10 m Gesamthöhe.
Sachsen	Verfahrensfrei bis 10 m Gesamthöhe und Rotor-Durchmesser bis 3 m, außer reine Wohngebiete.
Sachsen-Anhalt	Verfahrensfrei bis 10 m Gesamthöhe und Rotor bis 3 m in Gewerbe- und Industriegebieten.
Schleswig-Holstein	Verfahrensfrei bis 10 m Gesamthöhe und Rotordurchmesser bis 3 m in Kleinsiedlungs-, Kern-, Gewerbe- und Industriegebieten sowie im Außenbereich (außer Schutzgebiete)

Thüringen	Verfahrensfrei bis 10 m Gesamthöhe und Rotor bis 3 m außer Wohngebiete und Schutzgebiete im Außenbereich

Abbildung 61: Verzicht auf Baugenehmigung in Bundesländern

Der Verzicht auf eine Baugenehmigung ist prinzipiell zu begrüßen, hat aber auch Nachteile: Wenn eine Kleinwindanlage auf Grundlage der Landesbauordnung ohne Genehmigung aufgestellt wird, hat der Betreiber kein Anrecht auf dauerhaften Betrieb der Anlage. Dieses Recht besteht nur bei einer Baugenehmigung. Der Betreiber ist verpflichtet, die sogenannten öffentlichen Belange zu wahren. Da die Einhaltung der relevanten gesetzlichen Vorgaben nicht wie bei einer Genehmigung vorab geprüft wurden, ist der Anlagenbetreiber für deren Einhaltung verantwortlich. Dazu gehören Aspekte wie Geräuschimmissionen, Abstandsflächen, Denkmalschutz und der Naturschutz. Ein neuer Nachbar könnte theoretisch den Rückbau der Windanlage verlangen, wenn er sich vom Schall der Anlage gestört fühlt und dem Bauamt diese Beeinträchtigung nachweisen kann.

Sollte eine Baugenehmigung notwendig sein, wird in den meisten Fällen ein vereinfachtes Verfahren angesetzt, welches in der Regel für Windanlagen bis 30 m Gesamthöhe gilt. Anlagen mit einer Höhe über 30 m können je nach Bundesland als normales genehmigungspflichtiges Vorhaben eingestuft werden. Der Unterschied zwischen vereinfachtem und normalem Verfahren liegt im Prüfumfang und den einzureichenden Bauunterlagen. Das Bauamt könnte beispielsweise ein Brandschutzkonzept verlangen.

Vor dem Einreichen einer Baugenehmigung kann für genehmigungspflichtige Kleinwindanlagen eine Bauvoranfrage gestellt werden. So kann vorab die Zulässigkeit des Vorhabens in Bezug auf baurechtliche Kriterien geprüft werden.

Bauunterlagen

Zur Beurteilung des Bauvorhabens benötigt das Bauamt diverse Beschreibungen und bautechnische Nachweise. Grundlage sind die Bauvorlagevorschriften des jeweiligen Bundeslandes. Was jedoch faktisch gefordert wird, unterscheidet sich zwischen den Bauämtern und muss beim ersten Gespräch im Amt in Erfahrung gebracht werden.

Der Hersteller der Windanlage oder dessen Vertriebspartner sollten die wichtigen technischen Dokumente bereitstellen können. Die Erstellung und Unterzeichnung der Bauvorlagen darf in einigen Bundesländern nur von bauvorlageberechtigten Experten wie Architekten oder Ingenieuren erfolgen.

Standardmäßiger Umfang der Bauvorlagen:

- Auszug aus Flurkarte
- Lageplan mit Angabe der Abstandsflächen
- Bauzeichnung (Maßstab mindestens 1:100)
- Baubeschreibung
- Nachweis der Standsicherheit
- Schallnachweis (im Einzelfall)

Eine umfassende Baubeschreibung mit möglichst vielen Informationen zur Windanlage und der Stromnutzung sind ein wichtiger Erfolgsfaktor. Falsche Annahmen über Kleinwindkraftanlagen sind weit verbreitet, auch in Bauämtern. Je mehr Fakten man bereitstellt, desto besser. Wichtig ist dabei, die geringe Größe der Windanlage anschaulich darzustellen. Dazu eigenen sich Fotos und Fotomontagen, die die Windanlage im Verhältnis zu anderen Objekten wie Gebäuden und Bäumen zeigen.

Sollten das Bauamt oder eine beteiligte Fachbehörde gesonderte Untersuchungen anfordern, kann dies aufgrund der hohen Kosten die Wirtschaftlichkeit des Kleinwind-Projekts gefährden. Das könnte z. B. ein den Natur- und Artenschutz betreffendes Gutachten sein. Der Antragsteller hat nun zwei Möglichkeiten: Durch einen Rechtsexperten lässt er prüfen, ob die Erforderlichkeit des Gutachtens zu vertreten ist.

Eine weitere Möglichkeit wäre eine Alternativlösung wie z. B. vereinbarte Abschaltzeiten der Windanlage.

7.3 Prüfkriterien

7.3.1 Schall

Die Geräusche einer Windanlage nehmen signifikant ab, je weiter man davon entfernt ist. Nicht nur die Entfernung, sondern auch die Höhe des Mastes spielen eine Rolle. Eine Daumenregel besagt, dass der Schallpegel bei doppelter Entfernung um das Vierfache sinkt. Ein Beispiel: Der Schallwert in 30 Meter Entfernung wird in 60 Meter Entfernung auf ein Viertel des Wertes sinken.

Schall ist nicht nur im Rahmen der Genehmigung ein wichtiger Aspekt. Betreiber von Kleinwindkraftanlagen wohnen oder arbeiten oft in der Nähe der Anlage und wollen durch diese nicht gestört werden. Gemessene Schallwerte auf dem Papier sind die eine Seite der Medaille, die akustische Wahrnehmung vor Ort die andere. Vor dem Kauf einer Kleinwindkraftanlage sollte man sich diese an einem windstarken Tag im Betrieb anhören. Die Geräuschcharakteristik ist nicht nur durch Lautstärke, sondern auch durch die Frequenz gekennzeichnet. Der Wind erzeugt bei hoher Geschwindigkeit selbst Geräusche, die den Schall der Windturbine je nach Frequenz mehr oder weniger überlagern.

Vergleicht man die Schallwerte diverser Kleinwindanlagen, die unter gleichen Testbedingungen gemessen wurden, so erkennt man erhebliche Unterschiede. Schalltechnische Vermessungen von Kleinwindkraftanlagen orientieren sich an der Norm IEC 61400-11.

Der Geräuschpegel des Rotors wird vor allem durch dessen Umdrehungsgeschwindigkeit, Form der Rotorblätter und der Anlagenregulierung (Rotorblattverstellung oder Stall-Regelung) bestimmt.

Je weiter die Windanlage von Immissionsorten wie Gebäuden entfernt ist, desto höher ist die Wahrscheinlichkeit, dass zulässige Grenzwerte nicht überschritten werden. Eine Beeinträchtigung durch Schall muss vor allem für Wohn- und Schlafräume vermieden werden. Die Zulässigkeit für Schallwerte wird in der TA Lärm (Technische Anleitung zum Schutz gegen Lärm) festgesetzt. Die Toleranzschwellen sind je nach Gebietsform und Tageszeit unterschiedlich.

Gebietsform	Tag (6 bis 22:00)	Nacht (22 bis 6:00)
Industriegebiete	70 dB(A)	70 dB(A)
Gewerbegebiete	65 dB(A)	50 dB(A)
Urbanes Gebiet	63 dB(A)	45 dB(A)
Kern-, Dorf- und Mischgebiete	60 dB(A)	45 dB(A)
Allgemeine Wohngebiete	55 dB(A)	40 dB(A)
Reine Wohngebiete	50 dB(A)	35 dB(A)
Kurgebiete, Krankenhäuser	45 dB(A)	35 dB(A)

Abbildung 62: Schall-Grenzwerte nach der TA Lärm

Auf Dächern installierte Windräder erzeugen in der Regel Körperschall, dessen Wirkung sich innerhalb des Gebäudes bemerkbar macht. Im Windenergieerlass NRW wird für gebäudeintegrierte Kleinwindanlagen gefordert, dass die Immissionsrichtwerte für Innen nach Nummer 6.2 der TA Lärm erfüllt werden, sofern im Gebäude nicht nur der Anlagenbetreiber wohnt. Tagsüber dürfen 35 dB(A) und nachts 25 dB(A) nicht überschritten werden. Kurzzeitige Geräuschspitzen dürfen diese Werte nicht mehr als 10 dB(A) überschreiten.

Praxiserfahrungen haben gezeigt, dass kleine Windräder nicht selten von Dächern wieder entfernt werden. Nicht weil das Bauamt dies fordert, sondern weil die Bewohner störende Geräusche der Windturbine nicht toleriert haben. Der gesunde Menschenverstand wird in der Praxis den rechtlichen Anforderungen vorgreifen: Wenn eine Dachanlage im Gebäudeinneren ein lästiges Brummen erzeugt, dann wird sie zwangsläufig abgebaut. Die Alternative ist die Montage auf einem ebenerdigen Mast neben dem Gebäude.

Abbildung 63: Mikro-Windanlagen auf Flachdach

Foto: Joe Smith / NREL National Renewable Energy Laboratory

7.3.2 Abstandsflächen

Die Abstandflächen geben vor, wie weit entfernt sich die Windanlage von anderen Bauwerken und der Grundstücksgrenze befinden muss.

Der Betreiber selbst hat kein Interesse an einer zu nahen Aufstellung an Gebäuden. Zum einen aufgrund der ungünstigen Windverhältnisse in Form von Turbulenzen durch den Gebäudekörper. Zum anderen aufgrund des Schalls. In der Praxis entstehen deshalb eher selten Konflikte mit den rechtlich geforderten Mindestabständen.

Vorgaben zu Mindestabständen findet man in den Landesbauordnungen. Berechnungsmaßstab ist die Höhe der Windanlage, angezeigt mit H. Diese bezieht sich auf die Gesamthöhe der Windanlage, d. h. der Rotormitte plus Rotorradius (höchste Flügelspitze). Der Mindestabstand ist ein Faktor von H. Beim Vergleich der Regelungen in den Bundesländern ist der höchste vorkommende Wert 1 H. Der Mindestabstand entspricht in diesem Fall exakt der Gesamthöhe der Anlage.

Abbildung 64: Windanlage neben einem Privathaus

Die Abstandsflächen hängen vom Gebietstyp ab. In den Bauordnungen wird ein genereller Wert genannt, und abweichend davon je nach Landesgesetz die Werte für einzelne Gebietstypen. Nach der Bayerischen Bauordnung beträgt die Tiefe der Abstandsfläche beispielsweise 1 H. In Kerngebieten reicht eine Tiefe von 0,5 H, in Gewerbe- und Industriegebieten 0,25 H. Insgesamt muss in Bayern der Abstand mindestens 3 m betragen, das gilt für alle Gebiete.

Eine Übersicht zu den maximal geforderten Abständen:

Baden-Württemberg	0,6 H
Bayern	1,0 H
Berlin	0,4 H
Brandenburg	0,4 H
Bremen	0,6 H
Hamburg	0,4 H
Hessen	0,4 H
Mecklenburg-Vorpommern	0,4 H
Niedersachsen	0,5 H
NRW	0,5 H
Rheinland-Pfalz	0,5 H
Saarland	0,4 H
Sachsen	0,4 H
Sachsen-Anhalt	1,0 H
Schleswig-Holstein	0,4 H
Thüringen	0,4 H

Abbildung 65: Maximal geforderte Abstände für Kleinwindanlagen

Quelle: Jan Thorbecke (2015). Der Rechtsrahmen für die Errichtung von Kleinwindanlagen. Nomos Verlag.

7.3.3 Natur- und Artenschutz

Vögel und Fledermäuse

Naturschutz und Erneuerbare Energien gehen eigentlich Hand in Hand. Schließlich sind saubere Energieformen essenziell für Umweltschutz und Eindämmung des Klimawandels. Das weltweite Artensterben hängt unmittelbar mit der zunehmenden Umweltverschmutzung und dem Klimawandel zusammen. Solche Überlegungen prägen die Motivation vieler Bürger, sich eine Kleinwindanlage überhaupt anzuschaffen. Doch auf lokaler Ebene gibt es bei der Genehmigung von Windenergieprojekten immer wieder Konflikte. Das betrifft vor allem vermutete Gefährdungen von Fledermäusen und Vögeln durch den Rotor.

Naturschutzkonflikte können vor allem in ländlichen Regionen auftreten. Im Rahmen der Genehmigung wird vom Bauamt die Expertise der Unteren Naturschutzbehörde eingeholt. Geht diese von schutzwürdigen Arten im Umfeld der Kleinwindkraftanlage aus, könnte diese entweder eine Ablehnung der Baugenehmigung oder die Erstellung eines Gutachtens verlangen. Ein naturschutzfachliches Gutachten bedeutet oft das Ende der Kleinwindanlage. Die Kosten in Höhe mehrerer Tausend Euro sprengen in der Regel das Budget.

Während die Erforschung der Auswirkungen von Großwindkraftanlagen auf die Tierwelt fortgeschritten ist, gibt es nur vereinzelte Forschungserkenntnisse zu Kleinwindkraftanlagen.

Erfreulicherweise ist Juli 2020 vom Bundesamt für Naturschutz (BfN) eine Studie veröffentlicht worden: „Berücksichtigung von Artenschutzbelangen bei der Errichtung von Kleinwindenergieanlagen" (BfN-Skripten 550). Über einen Untersuchungszeitraum von gut zwei Jahren wurden im nördlichen Schleswig-Holstein 15 Kleinwindkraftanlagen untersucht, ob Vögel und Fledermäuse verdrängt werden oder in Rotoren zu Tode kommen. Es handelte sich um Windanlagen mit einer Leistung zwischen 5,0 und 15,0 kW und einer Gesamthöhe zwischen 18 m und 30,5 m. Dazu wurde ein eigens entwickeltes System in Form einer automatisiert arbeitenden Stereo-Infrarot-Kamera eingesetzt.

Bei Vögeln wurden in 25 Monaten acht Schlagopfer gefunden. Auf Basis einer Hochrechnung geht man durchschnittlich von jährlich 0,82 verunglückten Vögeln pro Kleinwindanlage aus. Eine Verdrängung der im Untersuchungsgebiet vorkommenden Vögel wurde nicht nachgewiesen.

Bei Fledermäusen wurde kein einziges Schlagopfer gefunden. Da in anderen Untersuchungen von verunglückten Tieren berichtet wurde und man von Unsicherheiten bei der Erhebung ausgeht, geben die Forscher eine Schlagopferzahl von 0,08 pro Windanlage und Jahr an.

Alles in allem zeigen die Zahlen, das Kleinwindanlagen keine große Gefahr für Flugtiere darstellen. Vor allem dann nicht, wenn man die Zahlen einordnet. Eine Untersuchung in den USA hat ergeben, dass fast drei Viertel aller unnatürlichen Vogeltode durch Katzen verursacht werden. Als weitere relevante Ursachen folgen Fensterschläge und Autos. Windkraftanlagen erscheinen unter „Andere", da die Zahlen im Vergleich minimal sind.

In der Studie des BfN wird in Bezug auf den Fledermausschutz erwähnt, dass eine empfehlenswerte Alternative zu teuren Fledermausgutachten eine Abschaltung der Kleinwindanlage während der Flugzeiten ist. Realisiert wird dies durch automatische Abschaltgeräte (Fledermaus-Schutzbox). Berechnungen haben ergeben, dass die Ertragsverluste der Windanlage sehr gering sind. Denn Fledermäuse sind meistens nicht aktiv, wenn das Kleinwindrad läuft und nennenswert Strom produziert. Beispielsweise halten die kleinen Säugetiere während der windstarken Monate von November bis März ihren Winterschlaf. Ebenfalls zum proaktiven Schutz von Fledermäuse wird ein Abstand der Windanlage von mindestens 20 m zu Gehölz- oder Gebäudestrukturen empfohlen.

Ausgleichsforderungen der Naturschutzbehörde

Vor allem im ländlichen Außenbereich kann durch die Naturschutzbehörde eine Ausgleichsforderung gestellt werden. Grundlage ist die sogenannte Eingriffsregelung im Naturschutzgesetz, da durch ein Bauvorhaben ein Eingriff in die Natur erfolgt. Im Falle einer Kleinwindanlage kommt es durch die Errichtung des Fundaments zu einer Veränderung des Bodens. Auch die visuelle Veränderung der

Naturlandschaft durch eine Windanlage kann als Eingriff gewertet werden.

Der Ausgleich kann zum einen durch einen Geldbetrag erfolgen, zum anderen durch Ausgleichsmaßnahmen wie das Pflanzen einer Hecke. In der Praxis werden solche Forderungen in den meisten Fällen nicht oder nur in geringem Ausmaß gestellt. Manche Kleinwindkraft-Betreiber fassen dies als Strafe oder Schikane auf. Die Ausgleichsmaßnahme kommt aber dem Naturschutz zugute, finanzielle Mittel können z. B. in ein Naturausgleichskonto fließen.

7.3.4 Standsicherheit

Bei der Genehmigung einer Kleinwindkraftanlage muss ein Nachweis für die Standsicherheit von Turm und Fundament erbracht werden. Welche enormen Kräfte auf der Windanlage wirken können, wurde im Windenergie-Kapitel erläutert. Nach Angabe des Deutschen Instituts für Bautechnik (DIBt) werden Windkraftanlagen mit einer überstrichenen Rotorfläche kleiner als 200 m^2 und einer Spannung, die unter 1000 V Wechselspannung oder 1500 V Gleichspannung liegt, auf Basis der Norm DIN EN 61400-2 geprüft.

Die Prüfung der Standsicherheit von Turm und Gründung kann entweder im Rahmen eines Einzelnachweises durch einen Statiker erfolgen oder auf Basis einer allgemeinen Typenprüfung. Typenprüfungen werden von Prüfinstituten wie dem TÜV durchgeführt und in einem Bericht verifiziert. Der Prüfbericht bezieht sich auf ein konkretes Windradmodell inklusive Turm und Fundament. Dieser allgemeine Nachweis für die Standsicherheit einer Kleinwindkraftanlage gilt für alle Bundesländer und kann von jedem Antragsteller zur Einreichung beim Bauamt verwendet werden. Der Bauherr spart mit der Typenprüfung Zeit und Kosten.

Abbildung 66: Fundament und Mastsockel für einen 24 m Mast

Kleinwindkraftanlagen auf Dächern müssen kompatibel mit der Statik des Tragwerks sein. Neben dem Gewicht der Windanlage muss die durch den Wind ausgeübte Last berücksichtigt werden. Grundlegende Norm ist die DIN 1055-4.

7.3.5 Schattenwurf und Lichteffekte

Lichteffekte können durch den Rotor entstehen. Das betrifft zum einen den Schlagschatten des sich drehenden Rotors, zum anderen Lichtreflexe (Disko-Effekt).

Schlagschatten breitet sich vor allem bei tief liegender Sonne aus. Im Vergleich mit Großwindkraftanlagen sind bei Kleinwindanlagen Auswirkungen des Schlagschattens gering. Das betrifft zunächst die räumliche Wirkung des Schattens. Aufgrund der geringen Rotorhöhe kann bei Kleinwindkraftanlagen ein Schatten nur bei sehr tief stehender Sonne entstehen. Die räumliche Ausbreitung des Schattens ist limitiert. Ferner ist die Umdrehungsgeschwindigkeit von Kleinwind-Rotoren viel höher. Bei starkem Wind wird eher eine gleichmäßige Schattenfläche erzeugt, als ein störender, weil wechselhafter Schlagschatten.

In der Praxis zeigt sich, dass Lichteffekte bei den meisten Kleinwindanlagen zu keinen Störungen führen. Das gilt insbesondere für kleine private Anlagen. Bei größeren Anlagen sollten etwaige Schatten- und Lichtemissionen bei der Anlagenplanung mit einbezogen werden. Ein Recht auf eine Nullbeschattung, d. h. ein vollständiges Ausbleiben von Schatteneffekten, besteht nicht. Der Länderausschuss für Immissionsschutz gibt auf Basis von Untersuchungen der Universität Kiel folgende Schwellenwerte an: Eine Belästigung liegt vor, wenn an relevanten Immissionspunkten eine Beschattung pro Tag länger als 30 Minuten und pro Jahr länger als 30 Stunden wirkt.

7.3.6 Brand- und Blitzschutz

Die Anforderungen an den Brandschutz und Blitzschutz baulicher Anlagen werden in den Landesbauordnungen dargelegt. Für Kleinwindkraftanlagen bis 30 m Höhe gilt in der Regel das vereinfachte Baugenehmigungsverfahren, so dass ein Brandschutzkonzept nicht notwendig ist. Im Falle eines Brandes stellen ebenerdige und frei stehende Kleinwindkraftanlagen mit den notwendigen Abständen eine geringe Gefahr dar.

Ein guter Standort für eine Kleinwindkraftanlage ist dadurch gekennzeichnet, dass der Rotor die Umgebung überragt. Die Gefahr eines Blitzschlags ist gegeben. Ein Blitzschutz sollte vorhanden sein. In der Norm DIN EN 61400-2 werden die Anforderungen für den Blitzschutz kleiner Windenergieanlagen definiert.

7.3.7 Landschaftsbild

Als baurechtliches Prüfkriterium spielt die Beeinträchtigung des Landschaftsbilds bei Kleinwindkraftanlagen aufgrund der geringen Maße in der Praxis keine Rolle. Trotzdem kann es bei der Genehmigung ein wichtiger psychologischer Aspekt sein. In der öffentlichen Diskussion über Windkraftanlagen nimmt die Beeinflussung des Landschaftsbilds einen hohen Stellenwert ein. Mit Kleinwindanlagen hat das nichts zu tun, denn der Widerstand eines Teils der Bevölkerung gegen Windenergieprojekte bezieht sich auf Großwindkraftanlagen. Moderne Anlagen können eine Gesamthöhe über 200 m haben und ragen weit über den Horizont hinaus. Während Großwindanlagen über mehrere Kilometer in der Landschaft sichtbar sind, verliert man Kleinwindkraftanlagen oft nach wenigen hundert Metern aus den Augen.

In der Praxis tauchen allerdings immer wieder Missverständnisse und Fehleinschätzungen auf. Große und kleine Windkraftanlagen werden in einen Topf geschmissen. Das gilt auch für Mitarbeiter in Bau- und Fachbehörden. Manchen Personen sind die geringen Maße von Kleinwindrädern nicht bewusst. Deshalb ist es von großer Bedeutung, im Rahmen der Genehmigung die geringe Sichtbarkeit von Kleinwindkraftanlagen deutlich zu machen. Beispielsweise in Form von Fotos oder Fotomontagen. Am anschaulichsten ist die Besichtigung einer Kleinwindkraftanlage vor Ort. In der Regel werden Ängste und Missverständnisse ausgeräumt, wenn man eine Anlage im Livebetrieb gesehen hat. Die Akzeptanz für Kleinwindanlagen in der Bevölkerung ist groß. In der Vergangenheit haben sogar Anti-Windkraft-Initiativen Kleinwindanlagen als gewünschte Alternative zu Windparks vorgeschlagen.

Die folgenden beiden Fotos zeigen die gleiche Kleinwindanlage einmal von der Nähe betrachtet und einmal von rund 250 m Entfernung. Betreiber ist ein Landwirt südlich von Mainz.

Abbildung 67: Nahansicht einer 5 kW Windanlage mit 18 m Mast

Abbildung 68: Fernansicht des Windrads mit 250 m Entfernung

Das Windrad in der Mitte des Bildes über dem Wohnhaus ist kaum erkennbar.

7.4 Genehmigungspraxis

Die Kleinwindkraft-Branche in Deutschland wäre ein gutes Stück weiter, wenn sich eine bundesweit anerkannte und transparente Genehmigungspraxis etablieren würde. Mit dem Ergebnis, dass einzelne Genehmigungsverfahren schneller, zu geringeren Kosten und mit höherer Erfolgsquote zum Abschluss kommen. Je größer die Windanlage, desto größer sind tendenziell die vom Bauamt gestellten Anforderungen.

Licht und Schatten

Hersteller und Anbieter von Kleinwindkraftanlagen berichten regelmäßig, dass Anforderungen und Entscheidungen der einzelnen Bauämter sehr unterschiedlich sind. Der Erfolg eines Kleinwind-Projekts hängt von den einzelnen Personen in den Bauämtern und Fachbehörden vor Ort ab. Wenn ein Bürger oder Gewerbebetrieb mit einer Investition in eine Kleinwindturbine die Energiewende voranbringen will, geht er von einer aufgeschlossenen Haltung der Behördenmitarbeiter aus. Das ist leider nicht immer der Fall. Auch bei Projekten, die objektiv betrachtet die Anforderungen des Baurechts erfüllen sollten und die Nachbarn nichts dagegen haben. Besonders skurril ist ein Fall aus Sachsen, bei dem eine Baubehörde den Anforderungskatalog sukzessive erhöht hat, bis zum Schluss ein Ameisengutachten verlangt wurde.

Eine zentrale Ursache für die ablehnende Haltung mancher Behörden ist dem fehlenden Wissen über Kleinwindkraftanlagen geschuldet. Stromerzeugung durch Windenergie wird von manchen Behördenmitarbeitern nur mit Windparks bestehend aus über 200 m hohen Windkraftanlagen in Verbindung gebracht. Entsprechend überdimensioniert ist der Anforderungskatalog. Immer wieder berichten Bauherren, dass noch nicht mal das grundlegende Konzept einer verbrauchernahen Selbstversorgeranlage anerkannt wird. Pauschal wird mitgeteilt, dass alle Windkraftanlagen auf siedlungsferne Vorrangflächen gehören. Das ist für eine Kleinwindanlage offensichtlich Unfug.

Auf der anderen Seite gibt es die positiven Fälle. Die Genehmigungs-behörden, teils unterstützt von Gemeinde und Bürgermeister, erkennen in Kleinwindkraftanlagen eine ausgereifte Technologie für die dezentrale Stromversorgung. Sie sehen darin eine Chance für die Region. Zur Inbetriebnahme der Windturbine kommt der Bürgermeister, die Lokalpresse berichtet darüber. Das Kleinwindrad wird als Teil des lokalen Klimaschutzes angesehen. Bemerkenswert ist die positive Aufmerksamkeit, die solche Kleinwind-Projekte seitens der Bevölkerung genießen. Während große Windparks von manchen Anwohnern bekämpft werden, werden Kleinwindanlagen als neue und junge Technologie begrüßt.

Bereitstellung vollständiger Bauvorlagen

Der Dialog mit Anbietern und Bauträgern zeigt aber auch, dass die Bauamtsmitarbeiter in manchen Fällen einen schweren Stand haben. Der Bauexperte im Amt kann sich nur ein Bild machen und eine Entscheidung fällen, wenn er vollständige Unterlagen zur geplanten Windanlage bekommt. Eine kurzgefasste E-Mail mit einer einfachen technischen Zeichnung im Anhang wird nicht reichen. Seitens der Hersteller von Kleinwindkraftanlagen und deren Vertriebspartnern gibt es große Unterschiede, was die Bereitstellung professioneller Bauvorlagen angeht.

Frühzeitiger Kontakt mit Behörde und Nachbarn

Mit der Baubehörde sollte möglichst frühzeitig Kontakt aufgenommen werden. In einem informellen Gespräch wird geklärt, welche Unterlagen die Ämter benötigen. Überzogene Forderungen können so eventuell vermieden werden. Das gilt nicht zuletzt für teure Gutachten.

Zum richtigen Umgang mit der Baubehörde gehört die konstruktive Reaktion auf Einwände und Forderungen seitens der Behörde. Mit der Holzhammer-Methode wird man keinen Erfolg haben. Selbstverständlich gibt es Grenzen. Wenn beispielsweise das Mini-Windrad hartnäckig abgelehnt wird, weil es für Windkraftanlagen in der Gemeinde eine Vorrangfläche gibt, dann hat diese Argumentation keine rechtliche Grundlage. In solchen Fällen oder bei überzogenen Forderungen der Baubehörde sollte man die Unterstützung durch einen Anwalt in Betracht ziehen.

Nachbarn könnten eine kritische Haltung gegenüber der Kleinwindanlage haben, weil Sie z. B. vom Windrad ausgehende Geräusche befürchten. Nach dem bekannten Sankt-Florians-Prinzip: Man hat nichts gegen Kleinwindanlagen, aber es muss ja nicht im Nachbargrundstück sein.

Wer noch kein Kleinwindrad im Betrieb erlebt hat, baut gerne falsche Vorstellungen und unbegründete Ängste auf. Deshalb sollte man präventiv und frühzeitig Informationen zur Kleinwindkraftanlage bereitstellen. Je nach Landesbauordnung haben die Nachbarn ein Recht, im Rahmen der Genehmigungsprozesses angehört zu werden. Ratsam ist es, vorher die Zustimmung der unmittelbaren Anwohner einzuholen.

Bei Schwarzbauten kann Ärger drohen

Manche Betreiber berichten, dass sie ihre Kleinwindanlage aufgestellt haben, ohne sich mit rechtlichen Aspekten zu beschäftigen. Die üblichen Argumente: Das Grundstück ist von außen nicht einsehbar und die Anlage so klein, dass es niemand stören kann. Auch durch moderne Ermittlungsmethoden wie die Auswertung von Luftbildern oder Nutzung von Onlinekarten wird das Windrad nicht auffallen. Mast, Rotor und Fundament sind von oben betrachtet viel zu klein.

Sollte durch die Windanlage ein Schaden an Personen oder Bauten entstehen, muss der Betreiber mit der Übernahme der vollen Haftung rechnen. Selbstverständlich kann der Rückbau der Anlage verlangt werden. Die Abstimmung mit der lokalen Baubehörde ist der bessere Weg.

8 PLANUNG

8.1 Motive und Ziele

Warum wollen Sie sich eine Kleinwindanlage anschaffen? Die einfache Antwort: um damit Strom zu erzeugen. Das ist offensichtlich. Mir geht es um weiterreichende Beweggründe. Nur wenn man die kennt, wird man bei Planung und Anschaffung der Windanlage die richtige Entscheidung treffen.

Typische Motive für die Anschaffung einer Kleinwindkraftanlage sind:

1. Spaß an der Technik, Hobby
2. Beitrag zum Umwelt- und Klimaschutz
3. Autarke Stromversorgung
4. Unabhängigkeit von großen Energieversorgern
5. Wirtschaftlichkeit: Rendite
6. Wirtschaftlichkeit: Kostendeckung
7. Lehrobjekt in Schule oder Hochschule
8. Windrad als Werbe- und Imageträger

In der Regel bestehen mehrere Motive. Angenommen, das Hauptmotiv ist der Spaß an der Technik, das Miniwindrad soll ein gemeinsames Hobby mit den Kindern sein. Auf eine Windmessung könnte dann verzichtet werden, da Wirtschaftlichkeit weniger wichtig ist. Bei der Auswahl der Windturbine wird man der Kinder wegen einen hohen Stellenwert auf die Sicherheitstechnik legen.

Wirtschaftlichkeit

Eine besondere Bedeutung spielen wirtschaftliche Motive: Vor allem private Hausbesitzer mit strikten Renditeerwartungen müssen wohl die Kleinwind-Pläne an den Nagel hängen. Das Geld sollte lieber in eine Vergrößerung der Photovoltaikanlage oder des Stromspeichers gesteckt werden. Generell gilt: Je bedeutender das Motiv Wirtschaftlichkeit, desto wichtiger die Prüfung des Windpotenzials mit einer Windmessung oder

Standortgutachten (siehe Kapitel 4.5). Die Investition wird man nur kalkulieren können, wenn die Winddaten des Aufstellungsorts bekannt sind.

Umweltschutz und Autarkie

Vor allem für viele private Hausbesitzer sind Umwelt- und Klimaschutz sowie der Wunsch nach Autarkie die treibenden Kräfte. Der Reiz einer eigenen Windkraftanlage liegt nicht zuletzt darin begründet, die Windenergie auf dem eigenen Grundstück in Strom umzuwandeln und diesen selbst zu verbrauchen. Bei der privaten Nutzung der Erneuerbaren Energien in Deutschland lässt sich ein klarer Trend erkennen: Nicht Einspeisung und Renditedenken dominieren, sondern die Selbstversorgung und Klimaschutz.

Imageaspekte

Bei vielen Unternehmen sind Imageaspekte ein wesentlicher Beweggrund für die Anschaffung einer Kleinwindanlage. Berechtigterweise, denn kleine Windturbinen erfahren eine starke und positive Aufmerksamkeit durch die Bevölkerung. Ein drehender Rotor auf der Gewerbehalle oder neben der Firmenzentrale steht für moderne Ökotechnik und wird die Blicke auf sich ziehen. Es ist immer wieder erstaunlich, wie stark dieser visuelle Faktor bei vielen Menschen wirkt.

Kleinwindrad als positiver Blickfang

Der Besuch einer regionalen Energiemesse zeigt: Stände von Kleinwindkraft-Anbietern sind mit am besten besucht. Kleine Windanlagen für die Selbstversorgung ziehen viele Leute magisch an.

Keine visuelle Beeinträchtigung des Landschaftsbilds

Aufgrund der geringen Maße verliert man Kleinwindanlagen spätestens nach wenigen hundert Metern aus den Augen. Widerstand gegen Windparks in Teilen der Bevölkerung basiert auf der weiten Sichtbarkeit. Bei Kleinwindturbinen kein Problem.

Vorzeigbare Technik durch exponierte Lage

Kleinwindkraftanlagen eignen sich gut als Image- und Werbeträger, da der Rotor in den Wind gestellt werden muss. In der näheren Umgebung ist die Minianlage sichtbar. Optimal sind Standorte an Bundesstraßen und Autobahnen, viele Leute nehmen die kleine Windturbine wahr.

Kleinwindanlage als Statussymbol

Was für ein Unternehmen der Imagefaktor ist, ist für manchen privaten Hausbesitzer das Statussymbol. Mit einem Miniwindrad wird man die Aufmerksamkeit von Nachbarn und Freunden gewinnen. Doch Vorsicht: In einer windschwachen Lage ist die Windturbine ein Flop.

Vertikale Windanlagen mit Akzeptanzbonus

In der Praxis haben sich manche Bauämter offen gegenüber Vertikalläufern und ablehnend gegenüber Horizontalläufern geäußert. Vermutete negative Eigenschaften von Windrädern werden mit horizontalen Windturbinen in Verbindung gebracht. Ursache ist wohl die visuelle Präsenz horizontaler Multimegawattanlagen. Diesen Vorurteilen der Behörde muss man mit Fakten begegnen. Vertikale Windanlagen haben in technischer und wirtschaftlicher Hinsicht meist Nachteile gegenüber horizontalen Windanlagen (siehe Kap. 5.1).

Abbildung 69: Filmaufnahme einer Kleinwind-Installation

Spaß an der Technik und Lehrobjekt

Viele Besitzer von Kleinwindkraftanlagen erzählen mit einer Begeisterung von ihrer Anlage, die man in Bezug auf Solaranlagen selten zu hören bekommt. Dem deutsch-kanadischen Kleinwind-Experten Rolf Heckmann kann man nur zustimmen: „Solar or Wind - which gets the most Love? Wind! - Because it is fun to watch". Frei übersetzt: Der Liebling im Ökokraftwerkspark ist meistens die Kleinwindanlage. Die Kleinwindanlage macht die Naturkraft des Windes sichtbar.

Kleinwindkraftanlagen sind perfekte Lehrobjekte und werden zunehmend in Schulen und Hochschulen installiert. Physik, Mechanik und Elektrotechnik: Interdisziplinäre Anschauung von Ökostromtechnologie in Reinform.

Energetische Amortisation: Ohne Wind hört der Spaß auf

Ohne ausreichend Wind wird die Kleinwindanlage zur ökologischen Fehlinvestition, wenn keine energetische Amortisation gegeben ist. Während der Lebenszeit der Windturbine wird durch diese weniger Energie erzeugt, als für deren Herstellung eingesetzt wurde.

Für Unternehmen mit einer Kleinwindkraftanlage als ökologischem Imageträger besteht die Gefahr des Greenwashing, wenn die Kleinwindanlage aufgrund mangelnder Stromerträge keine energetische Amortisation erreichen kann. Ein typischer Fall ist die vertikale Windanlage an einem windschwachen Standort. Es gelangt kaum Wind an den Rotor, zusätzlich wird eine vergleichsweise ertragsschwache Windkrafttechnik gewählt. Das nach außen verkündete ökologische Image wird offensichtlich nicht erfüllt.

8.2 Nutzungsformen

Ein Großteil der in Deutschland betriebenen Kleinwindkraftanlagen sind mit dem Stromnetz verbunden (Netzparallelbetrieb). Über einen Wechselrichter wird der Strom der Windanlage in das Hausnetz und, falls gewünscht, auch ins öffentliche Netz übertragen. Vor allem sehr kleine Windanlagen, wie z. B. für Segelschiffe, werden mit Hilfe eines Ladereglers an eine Batterie angeschlossen. An windstarken Standorten kann das Kleinwindrad auch zum Heizen und zur Warmwasserbereitung beitragen. In der Regel wird eine Kleinwindanlage immer mit passenden Systemkomponenten wie Wechselrichter und Laderegler ausgeliefert. Der Kunde kauft ein Paket, so wie es auch bei Photovoltaikanlagen der Fall ist.

8.2.1 Netzeinspeisung

Der Generator einer Kleinwindkraftanlage produziert Drehstrom, der aber nicht direkt genutzt werden kann. Der Strom wird in einem Gleichrichter in Gleichstrom gewandelt und erst dann in den Wechselrichter geleitet. Der Wechselrichter sorgt für die notwendig

Spannung und Frequenz. Kleinwindkraftanlagen werden meistens an das Niederspannungsnetz angeschlossen mit 230 Volt (einphasig) oder 400 Volt (dreiphasig).

Für Kleinwindanlagen kommen eigene Wechselrichtertypen zum Einsatz, reine Solar-Wechselrichter sind nicht geeignet. Das Leistungsverhalten von Photovoltaik- und Kleinwindanlagen unterscheidet sich stark. Abrupte Änderungen der Windgeschwindigkeit führen zu entsprechenden Schwankungen der Leistung und Spannung. Wind-Wechselrichter haben einen viel größeren Eingangsspannungsbereich als Solar-Wechselrichter. Es gibt Wechselrichter für Kleinwindkraftanlagen, die einen Bereich von 0 bis 600 Volt abdecken können. Für die einphasige Einspeisung wird oft eine Kombination von Wind-Controller und Solar-Wechselrichter verwendet.

Abbildung 70: Kleinwindrad in Bayern mit 10 kW Leistung

Die Abstimmung von Wechselrichter und Windanlage ist von großer Bedeutung. Im Wind-Wechselrichter oder im vorgeschalteten Controller wird dazu die Leistungskurve des Windgenerators einprogrammiert. Es erfolgt eine Zuordnung von Eingangsspannung und Ausgangsspannung. Das Leistungsverhalten einer Windanlage hängt vom Standort ab. An einem Schwachwindstandort mit hohem Turbulenzanteil im Wind wird die Windanlage ein anderes Leistungsverhalten zeigen als an einem Starkwindstandort. Eine besonders genaue Abstimmung zwischen Wechselrichter und Windgenerator wird erreicht, wenn diese Faktoren bei der Programmierung der Leistungskurve im Wechselrichter berücksichtigt werden.

Ein Wind-Wechselrichter muss Sicherheitsbestimmungen und Normen erfüllen (siehe dazu auch Kap. 8.5.1). Über das Internet werden immer wieder Wechselrichter angeboten, die mit technischen Normen nicht kompatibel sind. Das gilt beispielsweise für die Niederspannungsrichtlinie VDE AR N 4105. Vorgeschrieben ist zudem eine Netzüberwachung, so wie es für alle Stromerzeugungsanlagen bis 30 kW gilt. Durch eine ENS (Einrichtung zur Netzüberwachung mit zugeordneten Schaltorganen) wird ermöglicht, dass sich der Wechselrichter selbständig vom Netz trennt. Vor dem Wechselrichtereingang sollte zudem ein Überspannungsschutz liegen, der zu hohe Spannung auf einen Lastwiderstand überführt.

Eine Maximierung des Eigenverbrauchs ist beim Betrieb einer Kleinwindkraftanlage in Deutschland das zentrale Nutzungsparadigma. Neben der Stromwandlung müssen Aufgaben des Energiemanagements vollbracht werden. Vor allem für Kleinwindanlagen ab 5 kW Leistung werden dreiphasige Wechselrichter angeboten, die viele Aufgaben übernehmen und als Multifunktionsgeräte agieren. Neben Aufgaben des Energiemanagements werden Überwachungs- und Regelungsfunktionen, als auch Schutzfunktionen übernommen. Dazu zählen das Monitoring von Sensoren am Windgenerator und dessen Steuerung über ein Bremssystem. Das Energiemanagement beinhaltet die Integration von Batterien und Heizstäben für die Warmwasser-erwärmung und das Weiterleiten überschüssiger Energie in den Lastwiderstand. Über eine Fernüberwachung werden wichtige Parameter und Energiezähler kontrolliert. Die folgende Abbildung zeigt das Aufgabenspektrum eines multifunktionalen Wechselrichters für Kleinwindkraftanlagen.

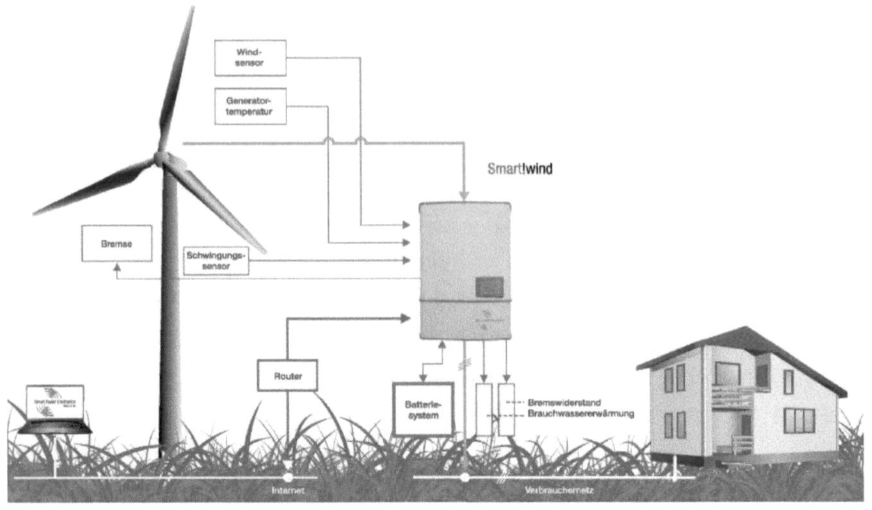

Abbildung 71: Wechselrichter als Multifunktionsgerät

Quelle: SPE Smart Power Electronics GmbH & Co. KG

8.2.2 Inselbetrieb

Eine Inselanlage ist vollständig abgekoppelt vom öffentlichen Stromnetz. Da ein Großteil der Gebäude in Deutschland, Österreich und der Schweiz an das Stromnetz angeschlossen sind, laufen an Gebäude gekoppelte Kleinwindkraftanlagen meistens im Netzparallelbetrieb.

Kleinwindanlagen im Inselbetrieb werden hierzulande im professionellen Bereich für Infrastruktureinrichtungen wie z.B. netzferne Pumpstationen, Beleuchtung sowie Mess- und Überwachungstechnik eingesetzt. Im Hobbybereich sind kleine Windanlagen als Batterielader sehr beliebt, für verschiedenste Anwendungen (Hütten, Teichpumpen etc.). Hochwertige Mikrowindanlagen sind auf Segelschiffen weit verbreitet.

In der Praxis kommen fast immer Hybridsysteme zum Einsatz bestehend aus Photovoltaik, Kleinwindanlage und Batterie.

Kleine DC-Inselsysteme

Kleine Inselsysteme können per Gleichstrom (DC) aufgebaut werden. Die Leistung der Windanlagen liegt meistens unter 1 Kilowatt. Miniwindräder für Gleichstromsysteme werden mit einem passenden Laderegler ausgeliefert, der das Lademanagement der Batterie übernimmt. Zum einen gibt es reine Wind-Laderegler. Dann speisen Solar- und Windladeregler unabhängig voneinander in die Batterie ein. Zum anderen werden Hybridladeregler angeboten, die den Gleichstrom einer Windanlage und von einem oder zwei Photovoltaikmodulen aufnehmen und an die Batterie weitergeben. Ein Nachteil der kleinen Gleichstrom-Inselnetze ist die Notwendigkeit von speziellen Gleichstrom-Verbrauchern (Kühlschrank etc.).

Größere AC-Inselsysteme

Ein Inselnetz im Wechselstrom-Modus kann durch einen Batteriewechselrichter wie z.B. dem SMA Sunny Island aufgebaut werden. Man spricht auch von AC-gekoppelten Inselnetzsystemen (AC = Alternating Current). Kleinwind- und Solarstromanlage haben je einen eigenen Wechselrichter und speisen auf der Wechselstromseite ein. Als Backup kann optional ein Dieselgenerator integriert werden, der nur dann anspringt, wenn die Batterie leer ist und nicht ausreichend Solar- und Windenergie zur Verfügung stehen.

8.2.3 Heizen

In der Vergangenheit wurde das Heizen mit Strom oft kritisch betrachtet. Doch wenn Energie umweltfreundlich und kostenfrei durch Sonne oder Wind erzeugt wird, warum sollte überschüssiger Strom nicht für die Bereitstellung von Heizwärme oder Warmwasser verwendet werden? Die Einspeisung von Strom durch Kleinwindkraftanlagen ins öffentliche Netz war in Deutschland, Österreich und der Schweiz aufgrund des bescheidenen Einspeisetarifs noch nie wirtschaftlich. Zwangsläufig bietet sich als alternative Verwendung die Erzeugung vom Wärme an.

Die Kleinwindkraft profitiert vom Trend, dass auch das Heizen mit Solarstrom salonfähig geworden ist, da die Einspeisetarife für Photovoltaikanlagen in den vergangenen Jahren stark gesunken sind. Es werden immer mehr technische Lösungen für die thermische Verwendung von Solarstrom auf den Markt gebracht, die in der Regel auch von der Kleinwindanlage genutzt werden können.

Kleinwindkraftanlagen haben einen immensen Vorteil gegenüber Solaranlagen, wenn es um die Wärmebereitstellung geht: Windenergie ist vor allem in der kalten Jahreszeit vorhanden. Manche Kleinwindkraftanlagen in Europa werden nur für Heizzwecke eingesetzt. Das ist allerdings nur an Standorten mit sehr guten Windbedingungen wie in der Bretagne oder Schottland möglich. Es muss schon ordentlich Leistung im Wind vorhanden sein, um das Wasser zu vertretbaren Kosten zu erwärmen.

Als technische Lösung am weitesten verbreitet für die Umwandlung des Windstroms in Wärme sind Heizstäbe im Warmwasserkessel. Für die Energieumwandlung ist es vorteilhaft, dass der Windstrom in Form von Gleichstrom direkt in den Heizstab geleitet wird. Die Aufladung der Heizwiderstände erfolgt unabhängig von der Drehzahl des Windgenerators und einer vorgegebenen Spannung und Frequenz. Es gibt Hersteller von Kleinwindkraftanlagen, die komplette Heizlösungen inklusive Heizstäben und Anlagenregelung anbieten. Solche Komplettlösungen sind in den meisten Fällen eine bessere Wahl als selbstkonfigurierte Systeme. Eine weitere Möglichkeit der Wärmeerzeugung durch Windstrom ist die Kombination mit einer Wärmepumpe.

8.3 Systemplanung

Photovoltaik und Stromspeicher als Basis

Man darf eine Kleinwindkraftanlage nie nur für sich betrachten, sondern als Teil eines Systems. Zentrale Komponente eines dezentralen Stromversorgungssystem ist in der Regel nicht die Windanlage, sondern Photovoltaik (PV). Die Entwicklung der Solarstromtechnik in den letzten 20 Jahren ist atemberaubend. Eine ausgereifte und zuverlässige Technik, mit der man sich unschlagbar günstig mit Strom versorgen kann. Egal ob Gewerbegebäude oder Privathaus: mit einer PV-Anlage kann man eigentlich nichts falsch machen. Sofern das Dach für Solarmodule geeignet ist, was die Verschattung sowie Alter und Statik des Daches angeht.

Nach oder mit der Photovoltaikanlage sollte der Stromspeicher als zweite Komponente integriert werden. Bevor man die Selbstversorgung durch eine Kleinwindanlage ausweitet. Denn der Speicher kann so ins System eingebunden werden, dass die Windanlage ihn auch nutzen kann. Der Stromspeicher wird dann durch Solar- und Windkraft gefüllt, die sich saisonal perfekt ergänzen.

Die Autarkiequote mit Photovoltaik und Stromspeicher kann bis rund 70 % betragen, übers Jahr gesehen wird nur noch ca. 30% des Stroms aus dem öffentlichen Netz geliefert. Zusätzlich mit einer Kleinwindkraftanlage kann je nach Windangebot des Standorts nahezu eine vollständige Autarkie erreicht werden, wie die folgende Grafik verdeutlicht.

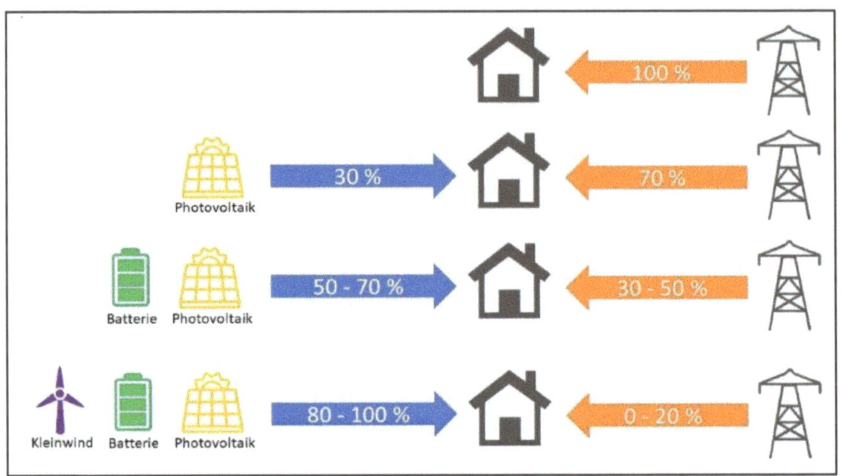

Abbildung 72: Autarkiegrade mit PV, Kleinwind und Speicher

Die Kleinwindanlage wird in den meisten Fällen erst nach Photovoltaik und Batteriespeicher realisiert, weil die Umsetzung zeitintensiver ist. Während Solarstromanlage und Speicher in wenigen Tagen geplant und installiert sein können, dauert es bei einer kleinen Windanlage oft mehrere Wochen oder Monate. Zeitintensiv ist die Windmessung und oft auch die Baugenehmigung, sofern eine benötig wird. Für eine PV-Anlage ist in der Regel keine Baugenehmigung notwendig, ein großer Vorteil bei der Planung.

Video: Kleinwindkraft und Photovoltaik für netzgekoppelte Gebäude kombinieren
Ein Video geht auf die Planung und Kombination von Kleinwindkraft und Photovoltaik ein. Hilfreich ist dafür ein gratis Online-Tool der HTW Berlin.
Video: https://youtu.be/Zmw8Aa2zX10
Kanal: https://www.youtube.com/kleinwindkraft

Abbildung 73: Solar- und Windkraft ergänzen sich

Foto: Superwind GmbH

Stromspeicher über Wechselstromseite einbinden

Bei der Planung des Gesamtsystems sollte man auf sogenannte AC-gekoppelte Stromspeicher setzen. Der Speicher ist dann auf der Wechselstromseite des Hausnetzes angebunden. Ein wesentlicher Vorteil ist der, dass eine Kleinwindanlage nachträglich integriert werden kann. Bei DC-gekoppelten Stromspeichern ist die Kopplung einer Kleinwindanlage oft nicht möglich.

Die folgende Grafik zeigt, dass der Strom der Kleinwindanlage in der Batterie geladen werden kann. Der Gleichstrom der Windanlage wird im Wind-Wechselrichter in Wechselstrom gewandelt und ins Hausnetz eingespeist. Über den Wechselrichter der Batterie wird der Strom der Windanlage in Gleichstrom gewandelt, damit er in der Batterie gespeichert werden kann. Auch die Photovoltaikanlage hat einen separaten Wechselrichter, der ins Hausnetz einspeist.

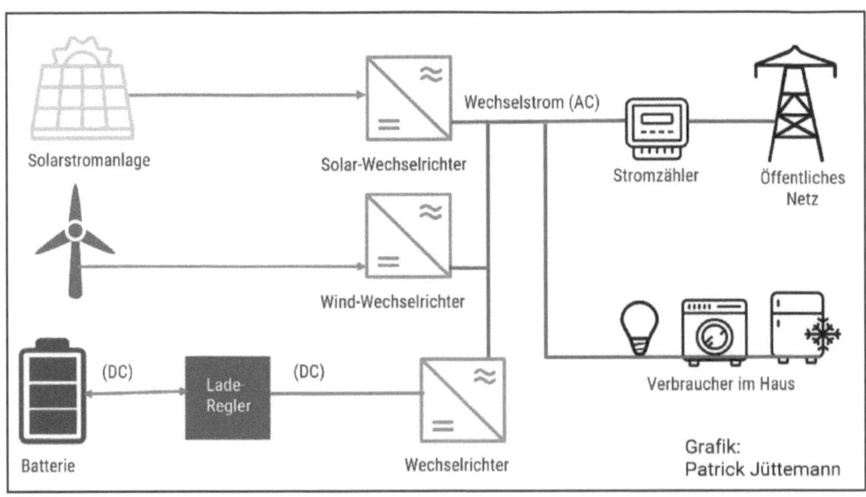

Abbildung 74: AC-Kopplung des Batteriespeichers

Planung einer Inselanlage

Bei einer Inselanlage gelten die gleichen Prinzipien: zuerst Photovoltaik. Eine Batterie ist sowieso Kernbestandteil einer jeden Inselanlage. Nur muss man das System gewissenhafter auslegen, da das öffentliche Stromnetz als Stromquelle nicht zur Verfügung steht.

Entscheidender Ausgangspunkt für die Planung ist das Solarangebot des Standorts, als auch der Strombedarf im Jahresverlauf. Zielwert für die Auslegung der Kleinwindanlage ist die Solarstrom-Lücke in den Wintermonaten. In den Sommermonaten und Übergangszeiten kommt man in der Regel mit Solarstrom und Batterie aus. Es gibt kostenfreie Online-Tools, die einem bei der Planung einer Inselanlage helfen. Dazu zählt die Ermittlung der Leistung der Photovoltaikmodule als auch der Speicherkapazität der Batterie. In einem Video habe ich dazu eine Schritt-für-Schritt-Anleitung erstellt...

Video: Inselanlage mit Photovoltaik und Kleinwindanlage (Anleitung)

Das Video erläutert Schritt für Schritt die Auslegung einer kleinen Inselanlage. Zuerst die Ermittlung des Strombedarfs. Mit dem Online-Tool PVGIS wird die Dimensionierung der PV-Anlage und der Batterie durchgeführt. Wird eine Kleinwindanlage dazu genommen, kann die Leistung der Solaranlage verringert werden.
Video: https://youtu.be/-JX-hR5uUns
Kanal: https://www.youtube.com/kleinwindkraft

8.4 Auslegung der Windanlage

Die Auslegung betrifft die Auswahl eines Windgenerators in
Übereinstimmung mit dem Strombedarf des Betreibers, da die
Eigenversorgung das primäre Nutzungskonzept einer Kleinwindanlage
ist. Die Eigenverbrauchsquote sollte möglichst hoch sein, da die
Einspeisung ins öffentliche Netz unwirtschaftlich ist. Viele Betreiber
verzichten deshalb auf den Einspeisetarif.

Bei der Auslegung der Windanlage sind folgende Schritte ratsam:

1. Ermittlung des Strombedarfs
2. Ermittlung der Winddaten des Standorts
3. Ermittlung der Ertragsdaten ausgewählter Windanlagen
4. Abstimmung zwischen Bedarf und Ertrag

Den eigenen Strombedarf kann man messen oder schätzen. Ein
Jahreswert ist wenig hilfreich, besser sind Verbrauchszahlen in kürzeren
Zeiträumen. Vor allem der Strombedarf in den Herbst- und
Wintermonaten ist wichtig, da die Kleinwindanlage zu dieser Zeit am
meisten Strom produziert. Den Jahresverbrauch erfährt der private
Hausbesitzer durch den Blick auf die Stromrechnung. Bei gewerblichen
Stromkunden mit einem jährlichen Strombedarf ab rund 100.000 kWh
wird durch den Energieversorger eine Leistungsmessung durchgeführt.
Neben dem Stromverbrauch wird alle 15 Minuten der Leistungsmittelwert
erfasst. Auf dieser Datengrundlage kann das Lastprofil verlässlich
abgeleitet werden.

Vom gesamten Strombedarf muss die Strommenge abgezogen werden,
die von anderen Kraftwerken wie einer Photovoltaikanlage bereitgestellt
wird.

Die Ermittlung der Winddaten per Windmessung dient auch der
Erfassung des saisonalen Verlaufs des Windpotenzials am Standort. Eine
typische Verteilung sieht so aus, dass in den vier Monaten November,
Dezember, Januar und Februar rund die Hälfte des jährlichen Stroms der
Windanlage erzeugt werden. Doch in der Praxis kann es deutliche

Abweichungen von dieser Daumenregel geben. Es kann vorkommen, dass in einem ungewöhnlich windstarken Sommermonat mehr Strom als in einem windschwachen Wintermonat erzeugt wird. Es liegt in der Natur der Windenergie, dass sie im Monats- als auch im Jahresverlauf stark schwanken kann (siehe auch Kap. 4.2.4).

Als nächste Schritt erfolgt auf Basis der Winddaten die Ermittlung der Jahreserträge geeigneter Windradmodelle. Gute Hersteller und Anbieter können eine Aussage dazu treffen, wie viel Strom eine Windanlage bei gegebener mittlerer Windgeschwindigkeit pro Jahr erzeugt. Das gilt auch für unterschiedliche Masthöhen.

Eine grobe Orientierung zur Anlagenauslegung für horizontale Kleinwindanlagen gibt die folgende Tabelle. Wir erinnern uns: die Größe des Rotors ist für die Ertragskraft entscheidend, nicht die Nennleistung des Generators. Die Tabelle zeigt, welchen Durchmesser ein Rotor ungefähr haben muss, wenn die mittlere Windgeschwindigkeit und der gewünschte jährliche Stromertrag bekannt sind.

Rotor-ø (m):	Stromertrag pro Jahr (kWh):						
1	92	137	196	269	357	464	590
2	368	550	783	1.074	1.430	1.856	2.360
3	829	1.237	1.762	2.417	3.216	4.176	5.309
4	1.474	2.200	3.132	4.296	5.718	7.424	9.439
5	2.302	3.437	4.894	6.713	8.935	11.600	14.748
6	3.316	4.949	7.047	9.666	12.866	16.703	21.237
7	4.513	6.736	9.591	13.157	17.512	22.735	28.906
8	5.894	8.799	12.528	17.185	22.873	29.695	37.755
9	7.460	11.136	15.855	21.749	28.948	37.583	47.783
10	9.210	13.748	19.574	26.851	35.739	46.398	58.992
11	11.144	16.635	23.685	32.490	43.244	56.142	71.380
12	13.262	19.797	28.187	38.665	51.464	66.814	84.948
13	15.565	23.234	33.081	45.378	60.398	78.413	99.696
14	18.051	26.945	38.366	52.628	70.048	90.941	115.624
15	20.722	30.932	44.042	60.415	80.412	104.397	132.731
16	23.577	35.194	50.110	68.738	91.491	118.780	151.018
Wind (m/s):	3,5	4,0	4,5	5,0	5,5	6,0	6,5

Abbildung 75: Tabelle zur Auslegung einer Kleinwindanlage

Ein Beispiel: Angenommen, die mittlere Windgeschwindigkeit beträgt 4 m/s und man will pro Jahr rund 2.100 kWh Strom mit der Windanlage produzieren. Man schaut in der untersten Zeile bei „4,0" m/s nach und folgt der Spalte nach oben bis zum passenden Jahresstromertrag. In diesem Fall sind es 2.200 kWh. In der Zeile links liest man den Rotordurchmesser ab: 4 m. Diese Rotorgröße ist nun der Richtwert bei der Anlagenauswahl.

Die letztendliche Größenbestimmung der Windanlage hängt nicht zuletzt davon ab, ob überschüssiger Strom in einem Batteriespeicher geleitet werden kann oder in per Heizstab in Warmwasser umgewandelt wird.

8.5 Anmeldung der Windanlage

8.5.1 Beim Netzbetreiber

Kleinwindkraftanlagen jeder Leistungsklasse, welche unmittelbar oder mittelbar mit dem Netz verbunden werden sollen, müssen vom Betreiber des lokalen Stromnetzes vorab genehmigt werden. Inselanlagen d.h. Systeme die über keinerlei Verbindung zum öffentlichen Netz verfügen, sind von der Anmeldung und Genehmigung ausgeschlossen.

Die Trennung zwischen Hausnetz und öffentlichem Stromnetz erfolgt beim Zähler. Bis zum Schaltschrank in dem der Zähler montiert ist, muss der Kunde für die Netzertüchtigung aufkommen. Ab dem Zähler ist der Betreiber des lokalen Verteilnetzes dafür verantwortlich.

In der Regel wird die Anmeldung durch den Hersteller der Windanlage oder einem Elektrofachbetrieb durchgeführt. Man sollte den Hersteller fragen, ob er diese Planungsleistung übernimmt. Im Vorfeld wird ermittelt, ob Vorarbeiten wie z.B. die Installation eines neuen Stromzählers notwendig sind.

Grundsätzlich sind Netzbetreiber verpflichtet Anlagen, welche Strom aus erneuerbaren Energien erzeugen, an das Netz anzuschließen. Bei einer Gesamtleistung aller Anlagen bis 30 Kilowatt ist der Anschluss über den Hausanschluss grundsätzlich möglich und die Genehmigung ist sehr wahrscheinlich. Ab einer Leistung von 30 kW sind weitere Prüfungen des Netzbetreibers notwendig. In der Praxis ist oft schon eine Photovoltaikanlage vorhanden, so dass mit der Kleinwindkraftanlage die 30-kW-Schwelle überschritten werden könnte.

Der Anmeldeprozess ist bundesweit einheitlich, jedoch können Netzbetreiber lokal spezifische Vorgaben machen, so dass kleinere

Abweichungen der Anforderungen möglich sind. Ein vereinfachtes Anmeldeverfahren wie für steckerfertige Photovoltaikmodule (Balkonanlagen) gibt es für Kleinwindanlagen nicht.

Grundlage für die Genehmigung ist eine Prüfung der Netzverträglichkeit durch den Netzbetreiber. Dazu zählen Nachweise über die elektrischen Eigenschaften der Kleinwindkraftanlage in Form von Herstellerangaben oder Einheitenzertifikate für den Generator und den Umrichter. Bis zum 31.03.2021 gilt für die Nachweise der elektrischen Eigenschaften noch eine Übergangsfrist, in der Herstellerangaben ausreichen. Nach dieser Frist haben nur noch Einheitenzertifikate Gültigkeit. Vor Erwerb einer Kleinwindanlage sollte geklärt werden, ob der Hersteller die Einheitenzertifikate für seinen Generator und den Umrichter vorweisen kann. Ferner müssen für die Genehmigung Informationen zum Netzanschlusspunkt (z.B. Übersichts-schaltplan) und zum Standort der Windanlage (z.B. Lageplan) bereitgestellt werden. Welche konkreten Anforderungen der entsprechende Netzbetreiber stellt, erfährt man auf dessen Internetseite. Teils werden Vordrucke zum Runterladen angeboten, teils wird online ein Anmeldeportal bereitgestellt.

Die Dauer der Netzverträglichkeitsprüfung hängt vom Einzelfall ab. Grundsätzlich ist die Bearbeitungszeit aufgrund des Prüfaufwandes für Kleinwindkraftanlagen länger als bei Photovoltaikanlagen. Für eine Windanlage mit einer Leistung unter 30 kW muss man im Schnitt eine Woche Bearbeitungszeit kalkulieren. Für eine Anlage über 30 kW durchschnittlich sechs bis acht Wochen.

In der Praxis sind die Netzbetreiber meistens kooperativ. Wer im Internet eine technisch unzureichende Kleinwindanlage mit nicht-netzkonformem Wechselrichter kauft, darf sich über eine Ablehnung des Netzbetreibers nicht wundern.

8.5.2 Bei der Bundesnetzagentur

Alle Strom-Erzeugungsanlagen, die unmittelbar oder mittelbar an ein Stromnetz angeschlossen sind, sind meldepflichtig und müssen im Markstammdatenregister der Bundesnetzagentur registriert werden. Inselanlagen ohne Verbindung mit dem öffentlichen Stromnetz müssen nicht registriert werden. Es existiert keine Mindestgröße, auch netzgekoppelte Kleinwindanlagen im unteren Leistungsbereich sind betroffen. Auch wer keine Förderung in Form eines Einspeisetarifs nach dem EEG erhält, muss seine Energieanlagen mit Verbindung zum Stromnetz registrieren.

Das Markstammdatenregister ist der Datenpool für den deutschen Strom- und Gasmarkt. Neben Erzeugungsanlagen werden auch Stammdaten von Marktakteuren wie Anlagenbetreibern, Netzbetreibern und Energielieferanten erfasst. Dazu zählen Kleinwind- und Photovoltaikanlagen, Stromspeicher, Brennstoffzellen, Blockheizkraftwerke, Notstromaggregate etc.

Der Grund für den Aufbau des Registers liegt unter anderem in der Veränderung des Strommarkts mit den mittlerweile über eine Millionen Erzeugungsanlagen, darunter viele Solarstromanlagen privater Hausbesitzer. Um Netzausbau und Versorgungssicherheit besser gewährleisten zu können, werden Standorte und Kapazität der einzelnen Erzeuger erfasst.

Die Registrierung ist kostenfrei und erfolgt über:
www.marktstammdatenregister.de

Nach erfolgreicher Registrierung muss man über das Webportal eine Bestätigung runterladen. Die Bundesnetzagentur verschickt keine Bestätigung. Diese ist notwendig, um den Vertrag für die EEG-Einspeisung mit dem Netzbetreiber abzuschließen.

Erfasst werden die Stammdaten d.h. Daten welche sich selten ändern. Dazu zählen Informationen zum Anlagenbetreiber (Adressdaten, Kontaktdaten) sowie zur Erzeugungsanlage (Standort, Leistung, Einspeisetarif ja/nein etc.).

In anonymisierter Form öffentlich einsehbar sind die registrierten Anlagendaten in der aktuellen Einheitenübersicht des Marktstammdatenregisters. Der Abruf erfolgt über marktstammdatenregister.de und den Navigationspunkt „Einheiten" > „Aktuelle Einheitenübersicht".

Wer eine Einspeisevergütung für das Kleinwindrad in Anspruch nehmen will, muss sich und die Anlage bis spätestens einen Monat nach der Inbetriebnahme registrieren. Bei unterbleibender oder nicht fristgerechter Eintragung droht der Verlust der Einspeisevergütung oder ein Bußgeld. Auch Änderungen müssen im Register eingetragen werden, wie z.B. Eigentümerwechsel.

9 KAUFBERATUNG

9.1 Auswahl der Windanlage

Bei der Auswahl einer geeigneten Kleinwindkraftanlage muss der Blick für das Wesentliche geschärft sein. Viele Informationen und technische Angaben in Verkaufsprospekten und Datenblättern sind weniger wichtig und lenken von den wichtigen Aspekten ab.

Drei Kernfragen

Diese Kernfragen stehen im Vordergrund:

1. Wie hoch sind die Gesamtkosten?
2. Wie hoch ist der Jahresstromertrag?
3. Wie ist die technische Qualität?

Ziel ist es, eine Windanlage mit möglichst geringen Stromgestehungskosten auszuwählen (siehe Kap. 6.1). Die Kosten für eine Kilowattstunde Windstrom kann man abschätzen, wenn Gesamtkosten und Jahresstromerträge bekannt sind. Dabei geht man üblicherweise von einer Anlagenbetriebszeit von 20 Jahren aus. Pauschale Anbieterangaben wie besonders niedrige Kosten pro Kilowatt Leistung sagen überhaupt nichts aus.

Die Gesamtkosten werden drastisch steigen, wenn anfangs eine vermeintlich günstige Windanlage gewählt wurde, die aber aufgrund technischer Probleme hohe Ersatzteilkosten verursacht oder nach wenigen Jahren komplett ausgetauscht werden muss. Die vermeintlich günstige Kleinwindkraftanlage kosten dann nicht nur mehr Geld, sondern auch Zeit und Nerven.

Ein Anbieter muss eine verlässliche Aussage dazu treffen können, wie hoch der jährliche Stromertrag bei einer mittleren Windgeschwindigkeit von 4 m/s und 5 m/s ist. Das sind realistische Werte für gute Kleinwind-Standorte. Kann der Anbieter unabhängige Belege für diese Ertragswerte bereitstellen?

Das kann beispielsweise durch eine Zertifizierung oder die unabhängige Vermessung der Leistungskurve erfolgen. In der folgenden Abbildung wird ein Auszug aus einem Zertifizierungsreport gezeigt. Man sieht auf einen Blick, dass die Windanlage eine Leistung von 5,2 kW bei einer Windgeschwindigkeit von 11 m/s hat. Bei einer mittleren Jahreswindgeschwindigkeit von 5 m/s werden 8.950 kWh Strom pro Jahr erzeugt. In der Tabelle darunter kann man auch den Jahresertrag bei 4 m/s nachlesen (4.629 kWh).

2. Turbine Ratings

AWEA Rated Annual Energy @ 5 m/s	**8,950**	kWh
AWEA Rated Sound Level	**43.1**	dB(A)
AWEA Rated Power @ 11 m/s	**5.2**	kW

3. Tabulated Annual Energy Production (AEP)

Corrected to a sea level air density of 1.225 kg/m^3

Hub Height Annual Average Wind Speed (m/s)	AEP Measured (kWh)	Standard Uncertainty in AEP (kWh)	Standard Uncertainty in AEP (%)	AEP Extrapolated (kWh)
4	4,629	1,352	29.2	4,629
5	8,949	1,540	17.2	8,949
6	13,882	1,689	12.2	13,882
7	18,777	1,775	9.5	18,779
8	23,228	1,812	7.8	23,249
9	27,012	1,818	6.7	27,093
10	30,012	1,806	6.0	30,221
11	32,193	1,782	5.5	32,600

Abbildung 76: Auszug aus Zertifizierungsreport mit Jahreserträgen

Tendenziell gilt: Je höher die Qualität der Anlagentechnik, desto höher die technische Verfügbarkeit. Generell sind hochwertige Kleinwindkraftanlagen wartungsarm, doch wie bei allen technischen Geräten können Schäden auftreten. Vorteilhaft sind Anbieter mit gutem Wartungs- und Ersatzteilservice. Wichtig sind auch Garantiefragen. Wie lange beträgt die Garantiezeit und sitzt der Garantiegeber in Deutschland?

Auswahlkriterien

Die intransparente Marktlage für Kleinwindkraftanlagen macht die Auswahl einer technisch ausgereiften Windanlage so schwierig: Es gibt eine Vielzahl von Herstellern und Windgeneratoren, aber längst nicht alle sind empfehlenswert. Ein Qualitätslabel für Kleinwindanlagen gibt es nicht in Deutschland, Österreich und der Schweiz.

Woran erkennt man empfehlenswerte und marktreife Kleinwindkraftanlagen? Es gibt ein zentrales Merkmal:

> Die Windanlage verfügt über unabhängige Referenzen, dass sie draußen im freien Wind gut funktioniert!

Tests im Windtunnel oder Strömungsanalysen am Computer reichen nicht aus bzw. geben eine unvollständiges Bild. Nur der längere Betrieb im Freien inklusive Sturmperioden offenbart die technische Reife der Anlage.

Zertifizierung:

Mehr kann man als unabhängigen Qualitätsnachweis einer Kleinwindkraftanlage nicht verlangen. Wenn die Zertifizierung auf Basis der Norm IEC 61400-2 durchgeführt wurde, bekommt man ein gutes Bild über Qualität, Schall und Leistung der Windanlage (siehe Kap. 5.4). Kehrseite der Medaille: Es gibt viele gute Kleinwindturbinen ohne Zertifizierung. Die würden aus dem Suchfeld fallen, wenn man sich nur zertifizierte Anlagen anschaut.

Unabhängige Tests:

Es muss nicht eine Vollzertifizierung nach dem Vier-Augen-Prinzip sein. Leistung und Schall können von unabhängigen Prüfinstituten getestet werden. Besonders wichtig ist die Leistungskurve, da man diese für die Ermittlung der Stromerträge benötigt. Die vollständigen Testunterlagen sollten bereitgestellt werden.

Betrieb auf Testfeld:

Testfelder für Kleinwindanlagen gibt es in mehreren Ländern. Manche Testfeldbetreiber stellen die Testergebnisse ins Internet. Auf gute Testergebnisse wird von den Turbinenherstellern auf der eigenen Internetseite in der Regel hingewiesen.

Renommee des Herstellers:

Auch wenn ein Hersteller keine Zertifizierung oder unabhängige Vermessungen vorweist, kann er aufgrund seines Renommees empfehlenswert sein. Zum einen sind Alter und Erfahrung eines Herstellers wichtige Hinweise für die Produktqualität. Dazu gehört die Weiterentwicklung der Modellreihen im Laufe der Jahre. Solche etablierten Unternehmen haben oft viele Installationen in Deutschland, die als Referenzen dienen. Ich muss dann nicht weit fahren, um mir eine Anlage anschauen zu können. Solche Hersteller haben sich im Laufe der Jahre einen guten Namen gemacht. Beispielsweise verdeutlicht durch positive Berichte in Internetforen (siehe www.kleinwindanlagen.de) oder Erwähnungen von unabhängigen Experten.

Positive Erfahrung von Betreibern:

Schließlich sind die positiven Erfahrungen von Betreibern einer kleinen Windkraftanlage ein Indiz für die Qualität. Es sollten neutrale Kunden und keine Vertriebspartner des Herstellers sein. Die Windanlage sollte mindestens einmal die windstarken Jahreszeiten Herbst und Winter ohne Schäden durchgelaufen sein.

Vorsicht bei Preisverleihungen:

Auszeichnungen wie Design-, Innovations- oder Industriepreise waren in der Vergangenheit in manchen Fällen kein guter Qualitätsmaßstab für eine Kleinwindanlage. Offensichtlich hat dann in der Jury niemand mit Kleinwindkraft-Expertise gesessen. Auch wurden keine externen Experten zu Rate gezogen.

Video: 6 Tipps zum Kauf einer Kleinwindanlage
Das Video erläutert im Detail, was eine marktreife Kleinwindanlage ausmacht. Hilfreich sind auch die Hintergründe zu Markt und Technik der Kleinwindkraft.
Video: https://youtu.be/QU3HzkwWJDc
Kanal: https://www.youtube.com/kleinwindkraft

9.2 Empfehlenswerte Hersteller

Die folgenden Hersteller aus Deutschland bieten erprobte Kleinwindanlagen an. Es werden Firmen mit Windanlagen präsentiert, die dem Stand der Technik folgen: Kleinwindkraftanlagen mit horizontaler Rotorachse.

Aerocraft - Gödecke Energie- und Antriebstechnik

Leistungsklasse: 120 Watt bis 1 Kilowatt.

Gödecke Energie- und Antriebstechnik GmbH
27356 Rotenburg (Wümme), Niedersachsen
Telefon: 04261 / 9439-0
E-Mail: info@aerocraft.de
www.aerocraft.de/

BestWatt - BestWatt B.V.

Leistungsklasse: 10 bis 30 Kilowatt

BestWatt B.V.
26789 Leer, Niedersachsen
Telefon: 0491 / 454 10-0
E-Mail: info@bestwatt.eu
www.bestwatt.de

Braun Antaris - Braun Windturbinen

Leistungsklasse: 2,5 bis 12 Kilowatt

Braun Windturbinen GmbH
57583 Nauroth, Rheinland-Pfalz
Telefon: 02747 / 930585
E-Mail: info@braun-windturbinen.com
www.braun-windturbinen.com

EasyWind

Leistungsklasse: 6 kW

EasyWind GmbH
25917 Enge – Sande, Schleswig-Holstein
Telefon: 04662 - 88 431 0
E-Mail: mailto@easywind.org
www.easywind.de

Falcon 40 - WWA Weinack Windenergieanlagen

Leistungsklasse: 7,5 Kilowatt

WWA Weinack Windenergieanlagen GmbH
22880 Wedel, Schleswig-Holstein
Telefon: 04103 – 188 515
E-Mail: info@wwa-windenergie.de
www.wwa-windenergie.de

Heywind - Heyde Windtechnik

Leistungsklasse: 2,5 kW bis 6 kW

Heyde Windtechnik GmbH
01744 Dippoldiswalde-Reinholdshain, Sachsen
Telefon: 035 04 / 611280
E-Mail: michaelheyde@web.de
www.heyde-windtechnik.de

PSW EN-Drive

Leistungsklasse: 5 bis 15 Kilowatt

PSW-Energiesysteme GmbH
29227 Celle, Niedersachsen
Telefon: 05141 / 48705-15
E-Mail: info@psw-energiesysteme.com
www.psw-energiesysteme.com

Solutions 4 Energy

Leistungsklasse: 30 Kilowatt

Solutions 4 Energy GmbH
18057 Rostock, Mecklenburg-Vorpommern
Telefon: 0381 - 808 322 33
E-Mail: info@s4e-online.de
www.s4e-online.de

Superwind

Leistungsklasse: 350 Watt bis 1,25 Kilowatt

superwind GmbH
50321 Brühl , NRW
Telefon: 02232 - 577 357
E-Mail: kk@superwind.com
www.superwind.com

S & W Energiesysteme

Leistungsklasse: 2,5 bis 15 Kilowatt

S & W Energiesysteme
37269 Eschwege, Hessen
Telefon: 05651 - 763 81
E-Mail: info@s-und-w-energie.de

Eine umfangreiche Marktschau zu Kleinwindkraftanlagen bietet der Kleinwind-Marktreport, das Standardwerk der Branche. Es werden nur empfehlenswerte Windanlagen vorgestellt:

www.klein-windkraftanlagen.com/kauf/marktbericht-kleinwindanlagen/

9.3 Online-Shops

In den Weiten des Internets kann man Wochen mit der Suche nach einer geeigneten Kleinwindanlage verbringen. Dazu zählen die großen Plattformen wie Ebay, Amazon oder Alibaba, aber auch unzählige kleine Shops. Darunter Solartechnik-Shops, die gerne Kleinwindanlagen mit ins Programm nehmen, um die Autarkiewünsche der Kunden zu bedienen.

Online angeboten werden vor allem Mikrowindanlagen bis rund 1,5 kW Leistung. Die Auswahl ist in der Summe mehr schlecht als recht. Dazu zählt Billigware aus Asien oder der Türkei. Wer auf die Schnelle ein Windrad-Schnäppchen im Internet macht, wird es im Nachhinein oft bereuen. Gut zu wissen, welche Online-Händler ein gutes Sortiment haben. Man bezahlt mehr, aber bekommt dafür die notwendige Qualität.

Conrad Electronic

Der Versandhandel Conrad blickt auf eine fast hundertjährige Geschichte zurück. Die Online-Plattform Conrad Electronic bietet seit vielen Jahren nicht nur Photovoltaikmodule, sondern auch Kleinwindanlagen mit allen notwendigen Komponenten an. Dazu zählen Hybridkits die neben Solarstrom- und Mikrowindanlage auch eine Batterie und alle notwendigen Kabel und Stecker umfassen.

Schwerpunkt liegt auf kleinen Modellen bis maximal 1 Kilowatt Leistung. Wer auf conrad.de in den Suchschlitz „Windgenerator" eingibt, stößt unter anderem auf Windanlangen der Hersteller Silentwind (Portugal/ Deutschland) und Primus WindPower (USA). Das Windrad-Modell „Sunset" stammt vom britischen Hersteller Marlec (Modell Rutland). Die Windanlagen „Phaesun Stormy Wings" werden vom renommierten

Großhändler Phaesun aus Memmingen geliefert, Hersteller ist HY-Energy aus China. Alles empfehlenswerte Hersteller, die regelmäßig im Kleinwind-Marktreport vorgestellt werden.

www.conrad.de

www.conrad.at

www.conrad.ch

Shops mit Segler- und Bootszubehör

Hochwertige Mikrowindanlagen findet man auch in Shops mit Bootszubehör und Yachtelektrik. Windanalagen, die für die rauen Bedingungen auf See ausgelegt sind, müssen eine hohe Qualität haben.

Die Produktpallette umfasst in der Regel alles, was für die autarke Stromversorgung an Bord notwendig ist, inklusive Solarmodule, Laderegler und Batterien. Selbstverständlich kann man die Windanlagen alle an Land einsetzen, sei es für professionelle Infrastruktureinrichtungen oder den privaten Bereich.

Die im Folgenden genannten Shops sind nur eine erste Empfehlung, es gibt diverse andere Anbieter von Bootszubehör inklusive Mikrowindanlagen.

www.yachtbatterie.de

www.shipshop.de

9.4 Fragwürdige Anbieter

Als Betreiber eines Fachportals mit vielen Besuchern werde ich oft von Leuten kontaktiert, die mir ihre Erfahrungen mitteilen. Dabei gibt es nicht nur Licht in Form erfolgreicher Projekte, sondern auch recht viel Schatten aufgrund fragwürdiger Anbieter.

Ein Kennzeichen des Kleinwindkraft-Marktes ist das regelmäßige Erscheinen von Anbietern mit mangelhafter Anlagentechnik und unseriösen Verkaufspraktiken. Das gilt für alle westlichen Industrieländer. In den USA gelten deshalb strenge Qualitätsanforderungen, um minderwertiger Kleinwind-Technik Fördermaßnahmen zu verwehren und damit die Qualität der Anlagentechnik zu verbessern. In Deutschland, Österreich und der Schweiz sind die Verbraucher gegen die unseriösen Anbietern kaum geschützt. Es gibt keinen TÜV oder ein Qualitätslabel als Erkennungszeichen marktreifer Technik.

In ihrer Außendarstellung verwenden fragwürdige Anbieter typische Verkaufsargumente, die man als Verbraucher kennen sollte, um vorgewarnt zu sein. Häufig werden Anlagen für die Dachmontage auf Privathäusern angeboten, unter Angabe unrealistischer Leistungs- und Ertragsangaben. Ein Wirkungsgrad der Kleinwindkraftanlage über 100 %, obwohl nur maximal 59 % physikalisch möglich sind? Kein Problem für manche Anbieter.

Ärgerlich ist oft die Rolle der Presse, auch von bekannten Medien. Die haltlosen Behauptungen mancher Hersteller werden unkritisch als Grundlage für Artikel übernommen. Die Presse wirkt als Multiplikator und streut ein falsches Bild über Kleinwindkraft. Auch das öffentliche Fernsehen hat schon bereitwillig als Steigbügelhalter für unseriöse Kleinwind-Anbieter fungiert. Für den Verbraucherschutz ist das fatal: Der renommierten Tageszeitung und dem Fernsehen schenkt man Glauben. Eine ehrliche, auf Fakten basierte Bewusstseinsbildung über Kleinwindkraft wird so verhindert.

Wichtig ist folgende Klarstellung: Es gibt in Deutschland, Österreich und der Schweiz hervorragende Anbieter von Kleinwindkraftanlagen, die den

Kunden ehrlich beraten (siehe Kap. 9.2 und 9.3). An einem windstarken Standort wird man viel Spaß mit diesen Windturbinen haben. Die mediale Aufmerksamkeit wird aber viel zu oft den fragwürdigen Anbietern gegönnt. Deren großspurige Versprechungen eignen sich besser für eine reißerische Schlagzeile. Die Hersteller mit marktreifer Anlagentechnik leiden unter dieser Situation. Der Verkauf mangelhafter Technik verursacht negative Mundpropaganda. Schnell heißt es: Kleinwindanlagen sind Spielzeuge und nicht ausgereift. Das schadet der Branche und wird moderner Kleinwindkraft-Technik nicht gerecht.

Verdächtige Verkaufsargumente

Hier ein paar Bespiele für Vertriebsrethorik. Wer auf solche Verkaufs-argumente stößt, muss ein gesundes Misstrauen an den Tag legen.

Weltneuheit und einzigartige Innnovation:

Selbstverständlich muss man offen sein für Innovationen. Es könnte nichts Besseres passieren, als dass eine Weltneuheit und ein technischer Quantensprung der Kleinwind-Branche einen Wachstumsschub verleihen würde. Zu den vermeintlichen Innovationen gehören beispielsweise Anlagen, die einen Mantel, Ring oder Trichter vor dem Rotor haben, um den Wind zu beschleunigen.

Die Erfahrung in der Kleinwind-Branche hat allerdings gezeigt, dass bislang auffallend viele Hersteller mit bahnbrechenden Neuheiten und technischen Weltrekorden geworben haben und diese nicht erfüllen konnten. Schlichtweg, weil die Firmen wieder vom Markt verschwunden sind.

Herkömmlichen Windanlagen überlegen:

Mit herkömmlichen Windanlagen ist die Bauform von Großwind-kraftanlagen gemeint, d. h. Windanlagen mit horizontaler Rotorachse als Luvläufer und drei Rotorblättern. Hersteller von Multimegawattanlagen wie Vestas, Siemens und Enercon haben hunderte Millionen Euro in die Forschung und Entwicklung gesteckt. Das Ergebnis entspricht dem Stand der Technik. Wenn eine kleine Firma demgegenüber einen Entwicklungsvorsprung behauptet, ist Skepsis angebracht.

Pauschale Versprechungen:

Wenn pauschal die Eignung einer Kleinwindanlage für alle Standorte oder einen bestimmten Standorttyp (z. B. Wohngebiet oder Dach) versprochen wird, kann man das nicht ernst nehmen. Ohne Prüfung des Windpotenzials kann keine Entscheidung gefällt werden.

Auch die Angabe pauschaler Jahreserträge ist vor diesem Hintergrund haltlos. Der beste Windgenerator der Welt wird sich im Windschatten nicht drehen. Wenn ohne Erfassung des Windpotenzials ein jährlicher Stromertrag versprochen wird, ist das eine Marketinghülse.

Miniwindrad als Dachinstallation auf Privathäusern:

Manche Anbieter preisen ihre Windanlagen primär für die Installation auf Einfamilienhäusern an. Solche Gebäude liegen oft in windschwachen Lagen im Wohngebiet. In der Regel werden solche Anlagen auf kurzen Masten von wenigen Metern Länge installiert, wodurch der Rotor im turbulenten Windfeld steht.

Es wäre wunderbar, wenn es funktionieren würde: Ein Miniwindrad über dem Dachfirst, das viel Strom produziert. In der Regel sind die Stromerträge sehr bescheiden und der Strom inakzeptabel teuer.

Rendite und Einsparung von Stromkosten für private Betreiber:

Dem privaten Hausbesitzer wird suggeriert, dass er mit dem Kleinwindrad Geld sparen kann, indem er seine Stromkosten senkt. Mit Slogans wie „günstige Energie vom Dach" für eine Mikrowindanlage von 1,5 kW Leistung.

Im Kapitel 6 zur Wirtschaftlichkeit wurde erläutert, dass für private Betreiber eine Rendite nicht realistisch ist. Eine gewerblich betriebene Kleinwindanlage in windstarker Lage ab 10 kW Leistung kann dagegen effektiv zur Einsparung von Stromkosten beitragen.

Leiser Betrieb als zentrales Verkaufsargument:

Wenn der leise Betrieb der Windturbine als zentrales Verkaufsargument hervorgehoben wird, dann sollte man skeptisch werden. Vor allem bei vertikalen Windanlagen kommt das in der Praxis vor. Wichtig sind zunächst die jährlichen Stromerträge bei realistischen mittleren Windgeschwindigkeiten. Was bringt eine leise Windanlage, wenn sie wenig Strom produziert?

Wenn der Hauptvorteil im geringen Schall liegt, bedeutet dies im Umkehrschluss, dass die meisten anderen Kleinwindkraftanlagen laut sind? Das möchte der Anbieter vielleicht suggerieren, es entspricht aber nicht der Realität. Es gibt in jeder Leistungsklasse und bei jeder Bauform leise Windanlagen.

Besonders geeignet für die Stadt und urbane Standorte:

Vor allem vertikale Kleinwindkraftanlagen werden als besonders geeignet für urbane Standorte angepriesen. Die typischen Argumente: Leiser Betrieb, Stromerzeugung auch bei Windturbulenzen und häufigen Änderungen der Windrichtung etc.

Doch Standorte mit solchen Eigenschaften sind oft für Kleinwindkraft nicht geeignet, wie in Kapitel 4.2 erläutert wird. Man muss den Einzelfall per Windmessung am konkreten Aufstellungsort prüfen. Wenn das Windpotenzial nicht vorhanden ist, wird auch die beste Kleinwindanlage der Welt nicht für hohe Erträge sorgen können.

Anbieter im Praxis-Check I: Vertikaler H-Rotor

Der Anbieter einer vertikalen Kleinwindkraftanlage mit einem H-förmigen Rotor macht auf einem Datenblatt folgende Angabe.

Nennleistung	3,2 kW
... bei Windgeschwindigkeit	10 m/s
Rotorhöhe	3,3 m
Rotorbreite	3,0 m
Rotorfläche	9,0 m^2

Abbildung 77: Unseriöse Leistungsangaben für vertikale Windanlage

Auf Basis der Werte für Leistung und Windangriffsfläche liegt der Wirkungsgrad bei rund 60 Prozent. Das ist gleichbedeutend mit dem theoretischen Maximalwert einer Windanlage. Ein kleiner Vertikalrotor wird diesen Rotorwirkungsgrad bei weitem nicht erreichen können. Offensichtlich stimmen die Angaben auf dem Datenblatt nicht.

Abenteuerlich ist die Tabelle mit den Ertragsangaben der vertikalen Windanlage. Der Anbieter weist darauf hin, dass die Berechnungsbeispiele für eine Generatorachsenhöhe von 8 bis 10 m gelten. Die auf dem Verkaufsprospekt dargestellten Daten:

Windtage	Windgeschwindigkeit	Leistung	Jahresertrag	Stromernte
270	6,0 m/s	0,8 kW	4.860 kWh	1.215 €
270	8,0 m/s	2,1 kW	13.608 kWh	3.402 €
270	10,0 m/s	3,3 kW	21.384 kWh	5.346 €
270	12,0 m/s	3,2 kW	20.736 kWh	5.184 €

Abbildung 78: Unseriöse Ertragsangaben für vertikale Windanlage

Was mit „Windtagen" in der linken Spalte gemeint ist, wird das Geheimnis des Anbieters bleiben. Eine mittlere Windgeschwindigkeit von 6 m/s in einer Höhe von 10 m ist realitätsfremd und trifft für 99,99 % aller möglichen Kleinwind-Standorte in Deutschland nicht zu. Vor diesem Hintergrund noch höhere Windgeschwindigkeiten bis 12 m/s anzugeben ist krude Verbrauchertäuschung. Besonders dreist, noch Jahreserträge anzugeben, denn 12 m/s Windstärke wird man nur wenige Stunden im Jahr haben.

Anbieter im Praxis-Check II: Mantelturbine

Die Insolvenz des Kleinwindanlagen-Anbieters Alphacon ist bittere Wahrheit für diejenigen Käufer, die vergebens auf die Rückerstattung des Kaufbetrags gewartet haben. Kein Einzelfall im Kleinwind-Markt. Regelmäßig werden technisch fragwürdige Kleinwindradmodelle als innovative Hauswindkraftanlagen angepriesen. Im Dezember 2014 hat Alphacon die Insolvenz eingereicht.

Abbildung 79: Mantelturbinen auf einem Hausdach

Foto: © erikdegraaf / Fotolia.com

Alphacon war Anbieter einer sogenannten Mantelturbine, einer Miniwindanlage mit horizontaler Rotorachse und einem den Rotor umfassenden Mantel. Die Alphacon-Anlagen wurden in einer Doppelausführung mit zwei Rotoren nebeneinander installiert, in der Regel auf Dächer von Einfamilienhäusern. Weltweit gab es diverse Anstrengungen, Mantelturbinen in den Markt einzuführen, alle Versuche sind bislang gescheitert.

Als Verkaufsargumente wurden höchst fragwürdige Eigenschaften genannt:

- Energiekosten werden sofort deutlich gesenkt
- Wesentlich höhere Energieausbeute als vergleichbare Windkraftanlagen aufgrund des Mantels (Düsenform)
- Hat nahezu keine ertragsschmälernden Standzeiten

Die wichtigen Informationen wurden im Flyer nicht genannt: Wie viel Strom produziert die Anlage bei realistischen Windbedingungen in Wohngebieten?

Irreführender Pressebericht I: der Windbaum

Viel zu oft agieren Presse und Fernsehen als Multiplikatoren für nicht marktreife Kleinwindkraftanlagen. Leider auch bei renommierten Tageszeitungen, der Energietechnik-Fachpresse und dem öffentlichen Rundfunk. Als Grundlage der Artikel dienen die Pressemeldungen der Hersteller oder deren Vertriebspartner. Bei der Selektion der Meldungen wird zu oft nach folgendem Motto verfahren: Je schräger und auffälliger das Kleinwind-Modell, je weiter entfernt vom Stand der Technik, desto besser. Dann lässt sich eine Schlagzeile formulieren, die die Aufmerksamkeit der Leser gewinn. Hauptsache man hat eine „Story".

Der „Windbaum" wurde weltweit in der Presse als einzigartige Innovation gefeiert. In Deutschland wurde der Windbaum als „Kraftwerk in Pflanzenform" unter anderem auf dem Portal von WiWo Green (Wirtschaftswoche) angepriesen, dieser Artikel wurde auch vom Handelsblatt übernommen.

Die „Kleinwindkraftanlage" sieht in der Tat aus wie ein Baum mit Stamm und Ästen. An den Ästen befinden sich quasi wie Früchte eine Vielzahl kleiner Savoniusrotoren. Aufgrund der unklaren Bildrechte kann an dieser Stelle kein Foto präsentiert werden. In der Suchmaschine „Windbaum" eingeben, dann wird das nächste Foto nur ein Klick entfernt sein.

Die Windanlage soll vorzugsweise in der Stadt aufgestellt werden, beispielsweise mitten in Paris. Die Minirotoren befinden sich dabei in einer Höhe von 8 bis 11 m. Eine schlechtere Lage kann man sich kaum vorstellen: In der Stadt und in dicht besiedelten Gebieten überwiegen ungünstige Windverhältnisse. In einer geringen Höhe bis elf Meter sind die Bedingungen besonders schlecht.

Bei einer Leistung von 3,1 kW erzeugt die Anlage angeblich pro Jahr 3.200 kWh bei einer mittleren Jahreswindgeschwindigkeit von 5 m/s. Savoniusrotoren haben als Widerstandläufer ungefähr ein Drittel des Wirkungsgrads marktgängiger horizontaler Kleinwindkraftanlagen. Die Jahreserträge des Windbaums sind vor diesem Hintergrund nicht realistisch.

Die Kosten für eine Anlage mit 3,1 kW werden mit rund 37.000 USD angegeben. Trotzdem soll sich die Windanlage in wenigen Jahren amortisieren. Reine Utopie.

Irreführender Pressebericht II: die Bohrerspitze

Auf dem Portal von VDI Nachrichten wurde ein Artikel mit dem Titel geschaltet: „Die stromerzeugende Bohrerspitze". Der Rotor der Kleinwindkraftanlage mit ungewöhnlichem Design sieht in der Tat wie das Ende eines Bohrers aus. Der sogenannte Onipko-Rotor hat angeblich international diverse Preise gewonnen und ist nach Aussage des Erfinders der weltweit einzige mit einer so hohen Effizienz. Denn der Wirkungsgrad bewegt sich angeblich am Optimum nahe 60 Prozent.

Schaut man sich den Artikel genauer an, so findet man folgende Leistungsangaben:

Nennleistung	30 kW
… bei Windgeschwindigkeit	12 m/s
Rotordurchmesser	6,0 m
Rotorfläche	28,27 m²

Abbildung 80: Leistungsdaten der Zeitungsente „Bohrerspitze"

Nimmt man diese Daten als Grundlage für die Berechnung des Wirkungsgrads, so erhält man einen Wert von rund 100 %. Der Willkür scheinen keine Grenzen gesetzt: Sogar das rein in der Theorie bestehende Maximum von 60 % wird deutlich übertroffen. Die physikalischen Gesetze der Erde werden außer Kraft gesetzt.

Solche unsinnigen Artikel über Kleinwindkraftanlagen erscheinen regelmäßig. Die im Artikel dargestellten Superlative müssten die Redaktion skeptisch machen. Medien wie VDI Nachrichten (Verein Deutscher Ingenieure) genießen großes Vertrauen seitens der Leser. Diese bekommen durch solche Informationen einen vollkommen falschen Eindruck, nach dem Motto: Alles geht im Bereich der Kleinwindkraft. Eine Kleinwindanlage kann überall aufgestellt werden, hohe Stromerträge sind immer möglich. Das Design der Anlage und vor allem des Rotors kann jede Form annehmen.

10 ÜBER DEN AUTOR

Mein Einstieg in die Welt der Kleinwindkraft geht auf das Jahr 2002 zurück. Damals habe ich an Länderberichten der GTZ (heute GIZ) zur Nutzung Erneuerbarer Energien mitgewirkt. In manchen Teilen Chinas wie der Inneren Mongolei sind Mikrowindanlagen weit verbreitet. Kleine Batterielader, die von den Nomaden einfach transportiert werden können. Auch in der Steppe braucht man Strom fürs Radio. Mich hat das fasziniert, verbunden mit der Frage: Wie wird Kleinwindkraft in Deutschland und Europa eingesetzt?

Patrick Jüttemann (Diplom-Geograph, Diplom-Kaufmann)

Während in Deutschland fast ausschließlich über Windparks und Megawatt-Windanlagen berichtet wurde, waren Fachinformationen über Kleinwindanlagen Mangelware. Im Oktober 2011 habe ich deshalb das Kleinwindkraft-Portal ins Leben gerufen. Seitdem beobachte ich die Kleinwindkraft-Branche nicht nur in Deutschland, sondern verfolge auch die weltweite Entwicklung.

Seit 20 Jahren arbeite ich im Bereich der Erneuerbaren Energien. Darunter früher unter anderem für den Wissenschaftspark Gelsenkirchen und die EnergieAgentur.NRW. Als neutraler Experte bin ich in ein internationales Netzwerk bestehend aus Herstellern, Hochschulen, Verbänden, Energieagenturen, Ingenieurbüros etc. eingebunden. So erhalte ich wichtige Informationen aus erster Hand, die man nicht im Internet findet. Unabhängigkeit und Neutralität gehören zu meinem Berufsethos als Fachautor. Betreiber- und Verbraucherschutz stehen an erster Stelle.

Was mich jeden Tag antreibt ist die Gewissheit, dass wir unsere Energieversorgung und Mobilität auf 100% Erneuerbare Energien umstellen müssen. Kleinwindkraftanlagen sind ein Teil der Lösung. Wer in unserer Klimazone ein Gebäude vollständig energieautark betreiben will, kommt an Kleinwindkraft kaum vorbei. Die Zukunftsformel lautet: Solarstrom + Windstrom + Speicher.

Kleinwindkraft-Portal: www.klein-windkraftanlagen.com

YouTube: www.youtube.com/kleinwindkraftndkraft

Twitter: twitter.com/kleinwindkraft

Facebook: www.facebook.com/kleinwindkraftanlagen

11 ABBILDUNGSVERZEICHNIS